季节性积雪积融雪规律与径流模拟研究

——以乌鲁木齐河为例

高 凡 何 兵 孙晓懿 唐小雨 著

U0253257

黄河水利出版社

·郑 州·

内 容 提 要

本书以试验观测和模型模拟为基本研究手段,以仪器试验数据、现场观测数据、再分析气象数据为基础数据,揭示了寒旱区水文气象要素演变规律,分析了有无遮蔽条件下(林冠下、开阔地)积雪、融雪期分层积雪物理特性,探讨了积雪消融对浅层土壤温度、湿度的影响,构建了包含冰雪消融模块的径流模拟模型、解析径流组成成分,开展径流模拟研究。上述研究成果对于深入理解寒旱区关键水文过程、揭示季节性积雪的积雪积累与消融过程差异性规律具有重要的理论指导和技术支撑依据,对适应全球变化与冰冻圈变化、区域水资源规划利用具有重要意义。

本书可供对冰冻圈、气候、水文、生态、环境、人文及社科等相关领域感兴趣的大专学生及以上人员、相关科研和教学有关人员阅读。

图书在版编目(CIP)数据

季节性积雪积融雪规律与径流模拟研究:以乌鲁木齐河为例/高凡等著. ——郑州:黄河水利出版社,2021.11

ISBN 978-7-5509-3181-7

Ⅰ.①季… Ⅱ.①高… Ⅲ.①乌鲁木齐河–季节性–积雪–径流模型②乌鲁木齐河–季节性–融雪–径流模型

Ⅳ.①P426.63

中国版本图书馆 CIP 数据核字(2021)第 256763 号

组稿编辑:简群 电话:0371-66026749 E-mail:931945687@qq.com

出 版 社:黄河水利出版社   网址:www.yrcp.com
地址:河南省郑州市顺河路黄委会综合楼14层   邮政编码:450003
发行单位:黄河水利出版社
发行部电话:0371-66026940、66020550、66028024、66022620(传真)
E-mail:hhslcbs@126.com
承印单位:广东虎彩云印刷有限公司
开本:787 mm×1 092 mm 1/16
印张:7
字数:162 千字
版次:2021 年 11 月第 1 版   印次:2021 年 11 月第 1 次印刷

定价:69.00 元

前　言

　　冰冻圈对区域及全球气候变化的响应持续保持高度敏感性,属于气候系统圈层中重要组成部分。积雪作为冰冻圈中最活跃的组成部分,是一类特殊的下垫面,对气候、水循环、地球化学循环、水文生态过程、生物,以及人类活动有着非常重要的影响。积雪具有高反照率和热辐射性特征,对气候环境变化十分敏感,特别是季节性积雪,在干旱区和寒冷区既是气候系统中最活跃的环境影响因素,也是最敏感的气候变化响应因子。目前大量的科学研究已证实全球变暖是一个不争的事实,并且已经影响了北半球中、低纬度山区积雪分布。随着气候的进一步变暖,冰冻圈变化带来的一系列冰雪灾害问题日益加剧,将对国家、地区、区域以及流域的水资源安全、灾害和工程建设等构成威胁。因此,开展全球气候变化背景下的以积雪和融雪为代表的雪水文过程研究,具有重要的科学和现实意义。目前,已有研究中针对全球气候变化背景下积雪、融雪过程的研究,大多集中在积雪分布及时空变化、积雪的一般物理特性、影响融雪过程的要素分析以及融雪径流模拟等方面的研究,而针对积雪积累和消融物理过程的理解尚不充分,特别是地表植被在不同遮蔽条件下对积雪积累和消融过程的影响,以及积雪层在融雪过程中对地表水热过程影响等方面的研究相对较少。

　　基于此,本书在系统总结国内外积雪、融雪期积雪层融雪特征与融雪过程等相关研究的基础上,开展寒旱区水文气象要素演变特征研究,开展有无遮蔽条件下的积雪层融雪过程对比分析,揭示有无遮蔽条件下的积雪层融雪过程差异性规律,研究有无遮蔽条件下季节性积雪、融雪过程中分层积雪物理特性与融雪期浅层土壤水热变化规律,并在此基础上构建具有冰雪消融模块的径流模拟模型。研究成果不仅可以从微观层面上进一步深入理解全球变化环境下的以积、融雪为关键过程的冰雪水文过程,为干旱区内陆河流域积雪-水文过程模拟及山区冰川积雪洪水预报研究提供理论支撑;同时,将对我国西北内陆干旱区水资源安全、生态环境保护、工农业生产及社会经济的可持续发展具有十分重要的科学意义和现实意义。

　　本书主要是在作者近年来研究成果的基础上,加以总结、凝练、补充和完善而成。全书共分 7 章,第 1 章由新疆农业大学的高凡和黄河水资源保护科学研究院的孙晓懿撰写,第 2、6 章由西安理工大学的何兵撰写,第 3、4、5、7 章由新疆农业大学的高凡、唐小雨撰写。全书由何兵统稿,高凡、孙晓懿审稿。

由于积雪观测试验对试验条件与试验设计方案要求较高,且试验观测过程需要持续进行,本书只做了初步的探索与研究,尚有许多有待完善和进一步深入研究的问题和挑战。希望本书的出版能在丰富并完善积雪观测分析研究理论方法与技术体系基础上,吸引更多的学者参与到积雪观测与积融雪特性及过程变化的研究,促进该领域的发展。

由于时间仓促和作者经验不足,书中疏漏敬请指正。

作　者

2021 年 10 月

目　　录

第 1 章 绪 论

1.1 研究背景及意义

冰冻圈对区域及全球气候变化的响应持续保持高度敏感性,属于气候系统圈层中重要组成部分[1-2]。积雪作为冰冻圈覆盖面积最广的特殊下垫面及重要的水文气象要素[3-4],在全球水循环中占据重要地位。地表径流与大气热状况均受制于积雪自身物理性质(如高反射率、热辐射特性及低导热率)及其融雪水文效应[5-6]。近几十年来,已有观测表明,季节性积雪对全球环境变化响应极为敏感[7-10]。从全球范围看,季节性积雪会引起气候变化并对地表能量平衡、大气及海洋环流具有显著的影响及反馈作用[11];从局部范围看,同时会影响流(区)域气象状况、寒旱区工程建设及"三生"(生产、生活与生态)水源等相关要素[12]。美国国家海洋和大气管理局通过可见光波段卫星图像获取的全球积雪时空分布范围等重要信息表明,全球约有 98% 的季节性积雪位于北半球[7],占北半球陆地面积的 50% 左右,其具体空间覆盖面积最大可至 $4.5 \times 10^7 \text{ km}^2$[4-13],主要分布在亚欧大陆[2,14-15]、北美洲[16-17]、北极地区[18-19]。对寒旱区而言,季节性积雪消融带来的融雪水是重要的淡水资源储备,不仅为内陆河流提供径流补给来源,而且可为人类生产与生活用水,生态与环境用水提供"三生"水源安全保障。因此,针对不同流域开展基础野外观测试验研究,以揭示积雪积累与消融过程的差异性规律,不仅有助于深入理解寒旱区关键水文过程与地气能量交换,为适应全球变化与冰冻圈变化提供科学支撑,并且对流域开展生态保护工程建设、水资源可持续利用、防洪减灾等重大人类活动起着重要的指导作用。

基于此,本书首先通过数理统计方法分析乌鲁木齐河流域降水、气温、径流、积雪水文气象要素趋势性、周期性等演变特征,并识别影响径流的主要因素;其次,以新疆天山北坡乌鲁木齐河流域下游城市段试验场为观测场地,对有无遮蔽条件下(林冠下、开阔地)的试验观测样方展开长序列的季节性积雪积累与消融过程观测研究,对影响积、融雪过程的各项积雪物理特性与浅层土壤水热特性要素的时空变化特征进行系统观测与分析,并结合试验区同步长系列气象资料,以揭示林冠下、开阔地季节性积融雪过程中分层积雪物理特性与融雪期浅层土壤水热变化规律,为进一步构建异质性参数化的融雪径流模型奠定理论基础;最后,以乌鲁木齐河上游山区为研究区域,构建具有冰雪消融模块的径流模拟模型[SPHY 模型(Spatial Processes in Hydrology model)],以解析径流各组分(降雨、积雪、冰川、基流)来源的占比。

1.2　国内外研究概况

1.2.1　影响积雪消融的主要因素

1.2.1.1　气温

积雪消融期间,暖气团携带约 70% 的热量来临,气温呈剧烈上升趋势,致使积雪消融[20]。作为气候变化敏感指示器的积雪,短期气温突变及长期叠加积累引起的气候系统变异会导致积雪与融雪规律变化[7]。同时,由于积雪明显的季节变化特征及其独特的属性,通过改变地表能量平衡进而影响气候变化[9]。对于寒旱区而言,春季气温逐步回升并伴随太阳辐射的增强会加速积雪的融化过程。在长江源区内,6~7 月气温与积雪消融量呈显著正相关关系[1]。张佳华等研究表明积雪时空分布与温度、降水等气象因子的相关关系较为显著[21]。赵春雨等通过研究辽宁省积雪与气温、降水三者间的相互关系,并得出积雪对气温较为敏感的结论[22]。国外有学者 Kitaev 等研究发现,气温与冬季固态降水会在一定程度上影响着积雪累积量及深度变化[23]。Groisman 等通过对卫星观测北半球温带地区积雪覆盖变化研究发现,积雪时空变化与气候、地表系统间能量平衡状况会产生一定的互馈作用[24]。Dery 等证实了这一结论,即气候系统对春季积雪变化最敏感[25]。Falarz 等研究发现欧洲中部地区 1961~1990 年间,积雪日数以 1 d/a 的速率减少[26]。Barnett 等研究发现北美洲在 1915~2004 年间,冬季积雪面积由于降水增加呈升高趋势[27]。Cohen 等和 Dong 等经大量数值试验研究与统计分析表明,欧亚大陆积雪异常主要与冬季地表温度变化呈较好的相关性[28-29]。

积雪时空分布异常可改变不同下垫面地-气间的水热交换过程,而后通过影响大气环流变化过程中冷暖空气及降水多寡来影响积雪的变化[22,30]。全球气候变化背景下,寒旱区季节性积雪分布区气候变化呈现出趋势上的一致性,自 20 世纪以来呈稳定升温趋势,且以冬春季节气温变化最为显著[31-32],总体上看,北半球积雪面积普遍呈减少趋势[32]。

1.2.1.2　太阳辐射

从宏观尺度来看,太阳辐射的季节性变化是影响积雪消融的重要因素与热量来源之一。马虹等采用能量平衡法模拟了中国西部天山山地季节性积雪的融雪速率,结果表明净辐射约占雪面能量输入的 75.3%,成为积雪消融过程中最主要的热量来源[33]。由于林冠郁闭度与雪表接收太阳辐射量呈明显负相关关系,致使不同郁闭度条件下的林区积雪消融过程在时间上各有差异[34]。太阳辐射是影响雪层积雪雪温分布的主导因素,在无太阳辐射的时段,积雪雪温最小值都位于雪表浅层,而在有太阳辐射的时段,积雪雪温最大值均位于雪表浅层[35]。张娜等选取积雪密度、积雪深度和辐射能量三项因素以识别影响积雪消融过程的关键因素,结果表明辐射能量更能促进积雪融化[36]。融雪期内,净辐射占雪面总能量的比例取决于纬度、地形及海拔高度等相关下垫面因素。陆恒等分析表明天山西部巩乃斯河谷中山森林带阳坡开阔地雪面净辐射占融雪期阳坡雪面总能量的 58.87%[37]。国外大量学者 Dumitrascu 等、Koivusalo 等及 Link 等研究均表明净辐射是雪面最主要的能量来源,且地-气界面间感热通量高于潜热通量[38-40]。Casiniere 分析表明在阿尔卑斯山区融雪期内净辐射即为积雪表面接收的总能量[41]。Marks 等对美国西南部内华达山脉区域的观测表明,净辐射占融雪可用总能量的 66%~90%[42]。而新西兰坦普尔盆地区域内,净辐射仅提供雪表总能量的 16%[43]。目前国内外学者已有研究结论表明,雪面吸收太阳辐射所产生的能量是影响融雪过程的主导因素,该过程伴随明显季节变化特点,春季来临时伴随着雪面反射率下降,太阳高度角逐渐增大,雪面接收的太阳辐射显著增加,为积雪消融提供有利条件。

1.2.1.3 下垫面

下垫面性状直接影响气温、辐射、湿度、风速等气象要素及积雪物理特性要素的时空分布,是气候形成的重要因素之一[44]。人类活动通过对下垫面物理性质及热力学属性的改变,在很大程度上影响了其融雪过程[44-45]。在天山西部积雪稳定期内,由于下垫面条件(水泥、草地、林地)不同造成的积雪发育过程及其物理特性在时空分布上存在显著差异[44]。而在草地、水泥地和河冰三种不同下垫面条件下积雪特性变化规律主要差异体现在积雪层底部,三种不同下垫面上积雪层的液态水含量变化和积雪深度呈河冰>水泥地>草地的趋势[45]。在天山北坡融雪期内,不同下垫面(林地、草地、林间草地)条件下土壤湿度与空气温度存在较大差异[46]。而在积雪稳定期内,林地、草地和灌木地三种不同下垫面条件下积雪物理特性随时间变化差异显著[47]。国外有学者 Surfleet 等研究表明,从较小尺度上看,积雪消融除受自身物理特性、植被、降水等因素影响外,还受到下垫面等因素影响[48]。Otterman 等研究表明,地表反射率和地表粗糙度会共同影响积雪消融[49]。Danny 等通过对比美国俄勒冈州有无林草覆盖条件下的积雪消融过程,研究表明积雪消融速率在无林草覆盖区域比有林草覆盖区域增加了 5 倍[50]。通过目前国内外学者已有研究发现,由于融雪期气温变幅较大,从而引起地-气间以湍流形式的感热交换各有差异,其次不同下垫面条件直接影响积雪底部的温度场接触面的热导率性质,进而致使积雪底部温度场变化速率及积雪物理特性时空分布上存在显著差异[44-46]。

1.2.1.4 其他影响因素

积雪消融过程除受上述气温、太阳净辐射及下垫面因子影响外,积雪自身物理特性、坡向坡位、海拔梯度、地形因子等因素[48-50]在一定程度上会叠加上述主要因子影响积雪消融过程。不同海拔梯度、坡位坡向及郁闭度的变化决定了日照辐射总量及太阳入射角度,从而影响到雪面能量收支及融雪速率[51]。雪层温度高低及梯度对雪层内水汽迁移、晶体形成及深霜化过程有显著影响[52],同时雪层中液态含水率及黏聚力受雪层温度所控制并在一定程度上通过影响积雪的物理特性进而改变积雪消融过程中的能量平衡[45]。

1.2.2 不同遮蔽条件下季节性积雪层积融雪规律研究

1.2.2.1 林木空间分布、郁闭度、叶面积指数

气候及地形条件一定时,林木空间分布差异在一定程度上会影响冠层结构覆盖率及林区郁闭度,进而导致积雪消融过程在时空上呈延缓或加速趋势。在相对密闭的森林中,短波辐射传播与森林郁闭度、叶面积或树干面积指数等之间存在相关关系[53]。国内部分学者陈卫东等与张淑兰等围绕东北地区大小兴安岭林区进行野外观测试验,研究结果再

次印证郁闭度会影响林内雪面接收太阳辐射的面积,郁闭度指数与融雪时间在一定程度上呈负相关关系,且林内雪密度大多小于林外雪密度[34,54]。而新疆北部森林属大陆性干旱气候,积雪属低密度"干寒型"雪。陆恒等通过对森林带内不同程度遮挡条件下(林冠下、开阔地)的融雪过程进行观测,研究表明融雪期林冠下积雪各项物理特性(积雪深度、含水率、沉降速率等)均小于开阔地[55];同时对融雪期内积雪温度时空变化特征进行观测发现,融雪期林下雪层温度低于开阔地,越接近地表雪层温度越高[52];探寻融雪期分层积雪含水率在时空上的变化特征及其与大气温度的相关关系,由于林冠拦截致使开阔地与林冠下雪层密度、污化状况及太阳辐射量各有差异,积雪含水率随气温波动呈指数增加趋势[8]。洪雯等针对森林植被在不同程度遮挡条件(阔地、林缘、林下)的积雪深霜特性进行连续观测对比,研究表明积雪深度越大,深霜层发育厚度越深,具体表现为阔地>林缘>林下,深霜层消融速率具体表现为林下>阔地>林缘[10]。王计平等研究再次印证林冠截留量与叶面积指数呈线性相关,可在一定程度上决定积雪所接收短波辐射量的多寡,从而影响融雪过程[56]。同时国外学者 Metcalfe 等与 Bewley 等研究表明相对开阔的林分遮蔽作用较弱,即林冠开阔度与融雪速率呈正相关关系[57-58]。Coughlan 等研究表明森林植被覆盖率、海拔与坡度坡向等诸多因素对积雪消融过程均产生一定影响,其中森林覆盖率占比相对较重[59]。Schneiderman 等研究表明植被冠层的拦截作用可在一定程度上削弱雪表所接收的短波辐射量,从而降低林区内积雪消融速率,同时延长融雪过程[60]。Michal 等提出森林植被可以通过林冠遮蔽条件以调控森林积雪层辐射收支平衡进而影响积雪消融速率,致使森林积雪积累和消融过程与开阔地区有明显的差异[61]。Blok 等提出融雪速率时空变异特征与森林植被遮蔽条件关系较为密切[62]。Pan 等发现部分地区开阔地积雪消融速率为林冠下的 3 倍[63]。

1.2.2.2　植被类型

在气候及海拔相同的高程带,由于林区内植被类型不同,导致积雪消融过程也存在时空上的明显差异[64],主要表现为受不同植被类型的冠层遮蔽拦截作用影响,积雪层的辐射平衡、物理特性和雪层结构均有显著不同,导致不同时段太阳辐射与气温对积雪消融的贡献率差异显著,这些差异进一步影响融雪产流。林冠较为稠密的植被类型会大概率减少太阳辐射量及输入雪层内部的能量,以降低积雪消融速率,并延缓融雪时间[34,54,57-58,61-63]。森林植被可通过改变雪–气界面间能量收支状况以影响积雪消融过程[56]。大量研究表明,净辐射是影响积雪消融的主导热量来源之一[33,38-40]。不同森林植被类型会改变进入雪层表面的净辐射量[53,61]。Boon 等认为森林植被通过影响积雪表面能量平衡造成融雪过程的差异[65]。对此,Andertona 等对比不同区域森林植被融雪过程,由于遮蔽条件不同,净辐射与雪面总能量占比相差较大[66]。车宗玺等开展研究祁连山不同植被类型的融雪规律,结果表明植被遮蔽作用可降低融雪速率,且积雪含水率与气温呈正相关关系[67]。植被冠层结构、叶面积指数、郁闭度等相关因素均对降雪具有明显截留作用,并且可延缓积雪累积与消融过程,此外,可能与气候状况、下垫面及积雪物理性质等因素密切相关[54]。刘海亮等研究表明云冷杉红松林植被拦截降雪能力最强,林型可显著影响积雪量及消融速率,次生白桦林及落叶松人工林融雪速率相对较快,云冷杉红松林、人工红松林和阔叶红松林可延迟积雪消融时间[68]。俞正祥等研究了大兴安岭北部地区不同森林植被类型的积雪特征,结果表明不同植被类型的冠层结构拦截降雪的能力各有差异,导致积雪深度也不尽相同,其中落叶松林最高,樟子松林最低,不同林型积雪雪水当量差异显著,杨桦林最高,樟子松林最低[69]。肖洋等选取东北地区不同森林类型融雪期融雪速率进行对比分析,得出融雪速率为樟子松林<落叶松林<白桦林<无林地,与林外相比,林内的融雪速率通常较低[70]。王晓辉等在小兴安岭腹地根据林型、坡度和坡位等的不同组合方式选取 13 个样点,定量估算地形因素与植被因素对融雪过程的影响,发现植被类型对融雪过程的影响要远大于地形的影响,植被的类型、密度、树种组成(尤其针阔叶树种的比例)等对林冠下融雪的迟滞作用差异很大[71]。周宏飞等对新疆天池融雪期内不同植被类型下融雪产流及截雪率特征进行了观测分析发现,雪岭云杉的截雪率(75%)显著高于落叶林的 3~4 倍,融雪产流率最高的土地利用类型为裸露地(15.6%),最低为雪岭云杉林(0)[72]。

1.2.2.3　坡位、坡向及海拔等地形因子

融雪初期,由于地形因素所导致风向、风速的再分布是影响积雪分布的重要因素,坡度坡向会共同影响积雪累积与消融过程[66,73]。国外已有学者 D'Eon 研究表明,植被冠层郁闭度与海拔是决定积雪深度的两大主导因素,但前者影响作用略小于后者,位于海拔较低地区,积雪深度在一定程度上受制于植被冠层郁闭度[74]。Jost 等研究发现由于植被覆盖类型、海拔及坡度坡向共同因素导向可以解释 80%~90% 的融雪过程差异性[75]。不同坡位坡向积雪接收的辐射能量不同,导致各坡面融雪期积雪特性及变化趋势不同,对阴阳坡各雪层下积雪特性的研究较少,国内大部分学者围绕祁连山森林为研究区域从植被郁闭度、海拔梯度及坡位坡向等微观层面研究积雪消融的规律。部分研究表明[67,76-77]在海拔一致但坡位不同的情况下,下坡融雪速率最高,中坡次之,上坡最低,在植被类型一致但坡向不同的情况下,阳坡云杉林融雪速率最高,半阴坡云杉林次之,阴坡云杉林最低,且阴坡雪深略大于阳坡;在不同海拔上,雪深随海拔有增高的趋势。目前关于东北及北疆地区积雪特性研究较少,从坡向、坡位及海拔等地形因子角度深入探究积雪物理特性变化差异也较为罕见。曹志等对东北低山区不同坡位对积雪性质变化趋势进行研究,结果表明积雪表层温度与积雪反辐射强度呈显著正相关关系[78]。刘海亮等研究发现地形因子是影响小兴安岭森林内部降雪深度变化的决定性因素[68]。新疆天山北坡阴阳坡融雪期雪层温度、含水率及密度的变化,总体归纳为阳坡大于阴坡,海拔、朝向、坡度、积雪厚度和积雪温度梯度对雪层内部水汽迁移量均产生显著影响[79]。窦燕等发现中国天山山区积雪分布、频率及雪线高度等积雪物理特性会随海拔不同而发生变化[80]。

上述研究指出,积雪消融过程除受冠层结构、植被类型及下垫面等因素直接约束外,由季节性变化引起的太阳辐射是积雪消融过程所需的主要热量来源,太阳入射角度及日照辐射量在很大程度上取决于坡度坡向等地形因素,进而直接影响雪表能量收支平衡状况及融雪速率[36,78-79]。

1.2.3　积雪覆盖条件下土壤冻融状况及水分迁移规律研究

季节性冻土占我国领土面积约 50% 以上[81],其水分迁移等空间运动过程是复杂的动力系统,冻融期土壤水分蒸发、热量吸收与散失受制于土表不同积雪覆盖条件,同时,融雪

水下渗也在不同程度上影响着土壤含水率变异过程[82-83]。融雪期不同雪盖水流会改变积雪的构造及稳定性进而影响水、溶质向土壤的释放,伴随冻融循环的交替季,积雪覆盖与雪水入渗致使土壤水热迁移过程极为复杂[84]。目前国内外学者研究成果大部分侧重于广泛应用数值模拟等分析方法,以探究土壤水热迁移变化规律,而对于季节性积雪覆盖下土壤水热迁移规律及互作效应机制研究相对较少,且大部分研究主要集中于西北与东北地区。国内有学者张小磊等研究表明无积雪覆盖条件下土壤温度变幅明显高于有雪区,同时积雪厚度与气温对土壤温度的影响呈负相关关系[85]。付强等指出积雪消融致使土壤温、湿度均呈明显增加趋势,且积雪厚度与土壤含水率、温度二者间复杂性呈正相关关系[86]。段斌斌等研究表明下垫面性质可在一定程度上改变土壤温、湿度间相关性[46]。国外有学者 Sharratt 等开展了不同积雪深度覆盖条件下对季节性冻土的冻结速率、周期及深度的野外观测试验[87]。Iwata 等研究表明积雪可通过融雪水文效应进而对土壤湿度产生一定影响,且土壤冻融程度与融雪期雪水入渗程度密切相关[88]。

目前国内外已有研究成果多侧重于对积雪分布及时空变化、融雪径流模拟及土壤水热耦合运动理论等方面进行数学模拟,对于从微观机制出发进行季节性积雪累积与消融过程及融雪期冻土时空特性变化特征的系统试验观测与差异性规律分析较为稀少,因此本书研究通过野外观测试验从多条件(林冠下、开阔地)、多时段(积雪期、融雪期)与多角度(分层垂直廓线)层面出发研究季节性积融雪及浅层土壤水热特性变化,为进一步构建融雪径流模型提供异质性参数指标奠定理论基础。

1.3 研究内容

本书的研究内容主要包含以下几个部分:

(1)乌鲁木齐河流域水文气象要素演变特征研究。

利用多年气象水文(降水、气温、径流)长序列观测资料,采用数理统计方法分析降水、气温、径流年内、年际不同时间尺度的变化特征;选用 MODIS 积雪数据产品分析积雪面积在不同时间尺度下变化特征及空间分布演变特征;此外,采用 Pearson 相关系数法分析径流与降水、气温的相关性,并采用偏相关系数法等方法识别影响径流的主要因素。

(2)有无遮蔽条件下积、融雪期分层积雪物理特性研究。

积雪期:通过数理统计方法对 2017 年 11 月至 2018 年 1 月乌鲁木齐河流域下游积雪试验观测数据进行整理和分析,揭示有无遮蔽条件下(林冠下、开阔地)积雪期分层积雪物理特性及其差异性变化规律,分析积雪含水率与各项积雪物理特性指标及气象因素间的相关关系。

融雪期:通过数理统计方法对 2018 年 2~3 月乌鲁木齐河流域下游融雪试验观测数据进行整理和分析,揭示有无遮蔽条件下融雪期分层积雪物理特性及其差异性变化规律,分析积雪含水率与各项积雪物理特性指标及气象因素间的相关关系。

(3)有无遮蔽条件下积雪消融对浅层土壤温、湿度的影响。

通过对 2018 年 2~3 月的积雪消融过程及浅层土壤温、湿度变化过程进行试验观测,分析积雪消融期土壤剖面分层土壤温、湿度的变化规律,分析气温等气象因素与土壤温、湿度指标间的相关关系。

（4）乌鲁木齐河流域上游径流模拟及组分变化研究。

以乌鲁木齐河流域上游山区为研究区域，使用具有冰雪消融模块的 SPHY 模型，基于 DEM、土地利用、土壤、冰川等数据，制作并构建 SPHY 模型数据库，对乌鲁木齐河流域的英雄桥水文站以上径流形成区径流过程进行模拟，并解析径流中各组分来源的占比。

第2章 乌鲁木齐河流域水文气象要素变化特征

根据 IPCC(联合国政府间气候变化专门委员会,Intergovernmental Panel on Climate Change)第五次评估报告指出,近百年来全球平均地表温度上升 0.85 ℃(0.65~1.06 ℃),致使全球范围内流域、陆面、海洋等水文循环系统发生了显著变化,我国气候变化趋势与全球气候变化总体趋势基本一致[89]。受气候变化影响,径流序列演变规律会产生不同程度的变化,突出特征表现为一致性遭到破坏。径流、降水、气温等水文气象要素的变化,以使得水资源可利用性将发生变化,不仅威胁全球水安全,而且制约人类生存与发展[90-91]。因此,研究气候变化下水文气象要素的影响,对科学规划、合理利用水资源具有重要意义。乌鲁木齐河流域是典型的西北干旱内陆河流域[92],其径流主要来源于高山区的冰川积雪融水及降水混合补给,径流的形成演变越来越显著地受气候要素变化(尤其是气温变化)的影响。因此,开展气候变化影响下的乌鲁木齐河流域水文、气象(降水、气温、积雪)序列演变规律的研究,可进一步了解该流域水文气象特征,为水资源合理开发利用以及优化配置提供重要依据,同时为分析流域径流影响因素奠定基础。

本章利用乌鲁木齐河出山口英雄桥水文站降水、气温、积雪、径流要素的长序列资料,分析降水、气温、径流年内、年际不同时间尺度的变化特征;采用累积距平法、小波分析法分析[93-94]降水、气温、径流变化的趋势性、阶段性与周期性;采用 Mann-Kendall 非参数突变检验法分析长序列径流、降水、气温的突变特性;选取 MODIS 积雪数据产品分析积雪面积年内、年际变化规律;在此基础上,采用 Pearson 相关系数法分析径流与降水、气温的相关性,识别影响径流的主要因素;将偏相关系数法与数据滑动窗口技术[95]相结合,在径流与气象要素多要素序列的内在关系及变异诊断中,进行该研究区径流序列的变异诊断并进行归因分析。

2.1 研究区概况

2.1.1 地理位置

乌鲁木齐河流域位于天山北坡中段,流域总面积为 4 684 km²,多年平均径流量为 2.28 亿 m³。作为乌鲁木齐地区的主要河流,地形以山区、平原和盆地为主,地势南高北低,高差达 4 000 m。乌鲁木齐河发源于南部中天山依连哈比尔尕山(简称南山)天格尔峰胜利达坂的 1 号冰川,流向东北。出山以后流至乌拉泊后折向正北方穿过乌鲁木齐市区,至米泉县西北消失,全长约 214 km,其中流经市区部分河长约 140 km。本书选取乌鲁木齐河流域英雄桥水文站以上区域为研究区,流域面积 924 km²,平均海拔超过 3 000 km。研究区地理位置图如图 2-1 所示。

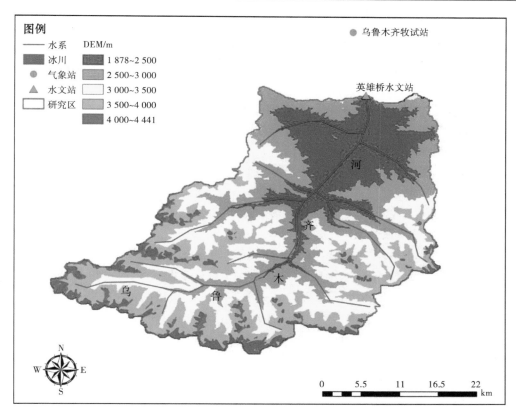

图 2-1　研究区概况图

2.1.2　下垫面特征

乌鲁木齐河流域地势南高北低,河源最高处高程约 4 479 m,流域高差超过 4 000 m,具有明显的垂带分布[96]。

(1)高山寒冻砾漠带位于海拔 3 600 m 以上区域,大多为冰川积雪覆盖。

(2)亚高山带处于海拔 2 600~3 600 m,高山蒿草荒原和垫状植被分布,冻融风化作用现象明显。

(3)中山带位于海拔 1 700~2 600 m 处,该区为森林区,众多天山云杉分布。

(4)低丘陵及洪积区处于海拔 900~1 700 m,为典型的春秋草场区。

(5)冲积扇和沙漠边缘区则处于海拔 400~900 m,该区是灌溉农田区以及荒漠草场沙丘区。

由于山区坡度陡峭,流水侵蚀作用强烈,山谷深切,盆地范围狭小。集水面积:海拔 3 600 m 以上,占 19.4%;2 600~3 600 m,占 50%;2 600 m 以下,占 30.12%。

2.1.3　气候特性

乌鲁木齐河流域处于亚欧大陆腹地,远离海洋,群山环绕,为典型的中温带大陆性干旱气候,主要表现为昼夜温差大,春秋两季较短,但冬季寒冷且漫长。对于降水而言,乌鲁木齐河流域降水分布总趋势呈现出南部多、北部少,西部多、东部少的情形;山区高于平原,山地高于沙漠,河谷高于盆地,迎风坡高于背风坡,冰川高于空冰斗区,森林高于草原。从乌鲁木齐河尾闾至源头降水分布依次为沙漠区、绿洲区、低山区、中山带、高山区。

2.1.3.1　沙漠区降水量分布

乌鲁木齐河尾闾(在蔡家湖处),消失于古尔班通古特沙漠的南缘。该区降水量一般达 135.4 mm,最多为 239.7 mm,出现在 1987 年,最少 70.7 mm,出现在 1974 年,其相差很大。这是干旱区、沙漠区气候的一大特征。

该区降水一般不具备产流,以至于不能形成径流,有可能在沙漠某些区域,有黄土覆盖,可能有很短距离的产流产生。降水量 90% 以上下渗,少量的降水在沙漠表面蒸发。下渗量在 30~50 cm,夏季沙漠高温炎热,多被蒸发,部分被附近植被吸收。

2.1.3.2　绿洲区降水量分布

绿洲区域年降水量一般为 150~250 mm。该区为主要农田绿洲带,除降水量外,还有许多沟溪和农田渠系,构成渠系网格,多为久耕农田和未垦的农区,具有很大的开发潜力,该区除集中山区径流地表水外,还有地下出露泉水和地表下渗的地下水供该区农、工、生态、生活用水,是较大的水量消耗区。

该区的年降水量为 244.1 mm,1958 年降水量出现最多为 401.0 mm,1974 年最少为131.3 mm。最大日降水量为 57.7 mm,出现在 1978 年 6 月 11 日,此降水量已达到中国东部地区的暴雨量值。该区域降水量可以形成产流,年地表径流平均可达 1.61 亿 m³。

2.1.3.3　低山区降水量分布

低山区降水量为 250~350 mm,该区降水高差梯度最小,在广阔的山前区,其梯度为10 mm/100 m,是乌鲁木齐河流域降水高差梯度最小的区域,其降水量分布较为均匀。该区内有一定的农业绿洲,但主要的是牧业,前山春、秋牧场地区,下限为半荒漠、荒漠草原区,而上限则为草原或草甸区,是河、渠相互交错带,乌鲁木齐河青年渠渠首降水量 350mm 即位于绿洲区降水上限,也是 1 500 m 海拔区。若水量有余,可适当地开辟人工草场区域,是适应农牧结合,以农养牧的地带。

该区年降水量 365.3 mm,1958 年出现最大降水量 540.3 mm,1977 年最小降水量为221.2 mm。

2.1.3.4　中山带降水量分布

该区海拔为 1 500~3 000 m,呈东高西低的降水等值线走向。在中山带有一年最大降水高度带,下限为 2 000~2 200 m、上限为 2 500~2 800 m,降水量约 500 mm 以上。其分布为东高西低,降水量西多东少,中心带呈西宽东窄分布。该区最大降水带沿天山中山带分布,东至天山尾闾,西达西部天山哈萨克斯坦阿拉套山。

该区年降水量 536.1 mm,1987 年最大降水量为 661.4 mm,1977 年最小降水量为334.8 mm。该区已进入半湿润区的界限区域。本区域上下限的一定宽度范围内,多为草原区,而海拔 1 700~2 600 m,为云杉森林区。下垫面是森林草原区,暖季降水量多,部分下渗,部分被森林截留,但该区的径流量仍然很大。该区为暴雨产生区,一日的最大降水量为 54.6 mm,出现在 1963 年 6 月 14 日。

2.1.3.5　高山区降水量分布

该区海拔为 3 000~4 800 m,其间分为:3 000~3 500 m 为草原和草甸区,3 500 m 以上为冰雪区和荒漠区。该区降水量一般在 400 mm 以上。其降水总量远少于中山带降水量。该区年降水量 439.2 mm,相应的比中山带降水量偏少,最多降水量为 632.1 mm,出现在 1996 年,最少降水量 293.4 mm,出现在 1985 年,最多降水量是最少降水量的 2.2 倍。该区一日最大降水量为 40.3 mm,出现在 1996 年 7 月 19 日。

2.1.3.6　乌鲁木齐河流域的降雪分区

乌鲁木齐河流域的降雪分区为:①高山冰雪区,为现代冰川区,平均雪线高度为 4 050 m,雪线以上面积 102.2 km^2,冰川 150 条,面积 46 km^2,冰舌末端海拔为 3 440~4 050 m,年均气温为-6.0 ℃,降雪量占年降水量的 75% 以上;②亚高山冻土区,多年冻土下限阴坡为 2 900 m,阴坡在 3 250 m 以上;年均气温-2.5~1.2 ℃,降雪量占年降水量的 50%;③中高山寒温区,年均气温 0~4.0 ℃,降雪量占年降水量的 20%~30%,为山区最大降水区,一般年降水量为 400~500 mm[97]。

对于气温而言,乌鲁木齐河流域高山、高原区域年平均气温-7.1~0 ℃,相差 7.1 ℃。年气温值一般随着海拔增加而减少,然而,在平原前山至沙漠区域,却出现逆温现象,最高点在海拔近 600.0 m,米泉区域年温度为 7.0 ℃,海拔高差为 159.8 m,温度差为 1.9 ℃,其递增率为 1.1 ℃/100 m。流域各月气温分布特征主要表现为:①无论山区、冰川、森林区,气温最低月份出现在 1 月,一般为-19.0~-10.0 ℃;最高气温出现在 7 月,一般高山和平原相差 4.0~25.0 ℃,7 月气温均值沙漠和平原达 21.0~25.0 ℃,而冬季差值较大,约 9 ℃。②出现负值 0 ℃以下月份,沙漠和平原区有 5 个月,即从当年 11 月到次年 3 月;高山区负温月数增多,约 9 个月,即从当年 9 月到次年 5 月。而中山、低山带有 5 个月,即从 11 月至次年 3 月,和沙漠平原区一致。③在中低山区,秋末和冬季(11 月至次年 2 月),中低山区出现很厚的逆温带。④暖季(4~10 月)月气温值随着海拔的增加而递减,其规律很强。⑤3 月份气温,下垫面增温很快,440.0~1 100.0 m,在-2.0~-1.0 ℃,而在 1 400.0~2 500.0 m,均在-5.0 ℃左右。

2.1.4　水文水资源特征

乌鲁木齐河补给水主要由冰雪融水、降水和地下水构成,冰川融水主要集中在哈拉乌成山,每年境内冰川消融量有 0.499 亿 m^3 补给乌鲁木齐河和头屯河水系。而根据英雄桥水文站多年观测资料显示,乌鲁木齐河流域出山口多年平均径流总量为 2.4 亿 m^3,河流汛期为 5~9 月,水量占比全年径流总量的 95% 以上。整个流域多年平均降水量约为 263.41 mm,冬季降水量约为 32.40 mm,约占年降水量的 12.30%。降水、径流受高山海拔区冰雪消融影响较为明显。

2.1.5　土壤特性

研究区土壤垂向分布差异很大,主要土壤类型有:高山寒漠土、高山草甸土、山地黑钙土、山地栗钙土、山地棕钙土。高山草甸土、亚高山草甸土和山地黑钙土是有机碳较高,质地较好,呈中性的土壤;山地栗钙土和山地棕钙土则是相对干旱,有机碳储量少,呈强碱性的疏松土壤。土层较浅薄,分层结构不明显,内含少许砾质岩屑,全层呈褐色或暗褐色,结构较为紧实,土壤平均有机碳含量为 40.43 g/kg,高于中部与东部大部分城市,地表植被覆被类型以低地草甸为主。

2.1.6 植被种类

乌鲁木齐河植被垂直分带特征明显,随海拔变化植被类型分布也有差异,主要表现为:①针叶林有雪岭云杉,又称天山云杉,位于海拔 1 600~2 700 m 中山带,面积约 123.5 km²;②阔叶林包括桦木、密叶杨和白柳,集中于低山河谷区,大多为复合林,面积 1.8 km²;③灌丛:有金露梅、新疆圆柏及蔷薇等,主要分布于云杉林中、林缘区,面积为 24.8 km²;④草原:有针茅、羊茅、草等,分布于低山丘陵和林带下限附近,总面积 129.6 km²;⑤草甸:在土壤、水分、地形因素适中下形成的,分布于中高山带和河谷处。另外,还有早熟禾、天山羽衣草、细果苔草、线叶蒿草等,总面积 396.7 km²。

2.2 气象要素序列变化特征

2.2.1 降水变化特征分析

2.2.1.1 不同时间尺度下变化特征

选取乌鲁木齐河长时间序列降水资料分别绘制年内、年际变化过程线(见图 2-2)。由图 2-2(a)可以看出,乌鲁木齐河降水年内呈"单峰型",年内分配极不均匀,主要集中在 5~8 月,占多年平均年降水量的 70.53%,其中 6~7 月降水量相对较大,多年平均月降水量为 200.33 mm,占多年平均年降水量的 43.10%;1 月降水最少,多年月平均降水量为 4.82 mm,仅占多年平均年降水量的 1.04%。由乌鲁木齐河降水长系列数据求得多年平均降水量为 464.76 mm;由图 2-2(b)可以看出,最大年降水量发生在 2007 年,为 614.40 mm,最小年降水量发生在 1997 年,为 263.00 mm,年降水量在年际间平均以 18.32 mm/10 a 的增长速率波动增加,且 1990 年后主要在多年平均降水量上下波动。

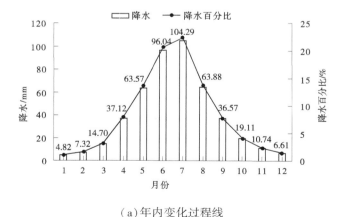

(a)年内变化过程线

图 2-2 乌鲁木齐河降水年内与年际变化过程线

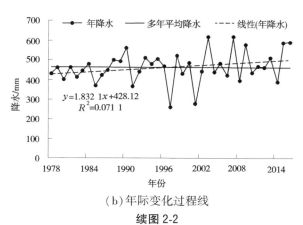

（b）年际变化过程线

续图 2-2

将 1978~2016 年乌鲁木齐河降水量序列按年代际划分,计算其距平值,并与多年平均值相比,得到降水不同年代际的距平占比,结果见表 2-1。可以看出,乌鲁木齐河降水在年代际间呈波动增加的趋势;20 世纪 80 年代前与 2011~2016 年降水距平占比为负值,表明该阶段降水偏少;20 世纪 90 年代与 21 世纪 00 年代降水距平占比均为正值且呈增大趋势,表明该阶段降水增幅明显。

表 2-1　乌鲁木齐河降水年代际距平占比　　　　　　　　　　　　　　　　%

项目	1978~1979 年	20 世纪 80 年代	20 世纪 90 年代	21 世纪 00 年代	2011~2016 年
降水距平占比	−6.54	21.88	8.48	−7.25	19.48

2.2.1.2　趋势性分析

本节运用累积距平法,该方法可表示乌鲁木齐河多年降水在 1978~2016 年时间序列中的阶段性变化。累积距平法是一种根据差积曲线的起伏形态来判断数据离散程度及变化趋势的非线性统计方法,将其应用于长时间序列趋势性分析中的优势在于该方法具有好的普适性[98],可根据累积距平曲线上下波动的形态特征,直观判断出长时间序列的演变趋势及持续性变化[99],同时可用于序列突变性的初判。具体计算公式如下[100]:

$$x_t = \sum_{i=1}^{t} (x_i - \bar{x}) \tag{2-1}$$

式中:x_t 为第 t 年的时间序列 X 的累积距平值,$t = 1, 2, \cdots, n$;x_i 为时间序列 X 第 i 年的值;$\bar{x}$ 为时间序列 X 的均值。

根据 1978~2016 年乌鲁木齐河降水年际变化过程线[图 2-2(b)],运用式(2-1)计算其累积距平值,得到乌鲁木齐河近四十年降水累积距平过程线,见图 2-3。由图 2-3 可以看出,1978~2016 年乌鲁木齐河降水序列整体呈明显的下降—上升—下降—上升的阶段变化特征,即 1978~1987 年与 1996~2002 年为明显下降阶段,表明该下降阶段多雨期明显少于少雨期,1978~1996 年与 2002~2016 年为波动上升阶段,表明该阶段多雨期多于少雨期。

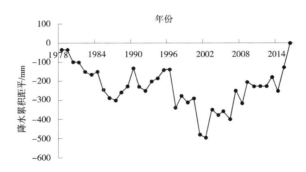

图 2-3　乌鲁木齐河降水累积距平过程线

2.2.1.3　周期性判断

本节采用 Morlet 小波分析法对乌鲁木齐河年降水序列进行周期演变分析。小波分析法的提出距今已有 40 多年,在分析时间序列时兼顾时-域的特点,可提供不同层次的变化尺度及变化时间,使其广泛应用于水文、气象等各种长序列的周期性分析[101]。小波分析法中的小波函数分为实型小波函数与复数小波函数,相较于实型小波函数而言,Morlet复数小波函数消除了实型小波在变换过程中系数模的振荡,更能反映出水文序列的时间尺度周期性及其在时域中的分布特征,故本节采取 Morlet 复数小波函数作为降水周期性的分析方法。该方法具体计算过程[102]如下所述。

Morlet 小波的函数为

$$\psi(t) = \pi^{-\frac{1}{4}} e^{i\omega_0 t} e^{-\frac{t^2}{2}} \tag{2-2}$$

式中:ω_0 为常数;i 为虚部。

$$W_f(a,b) = |a|^{-\frac{1}{2}} \int_{-\infty}^{\infty} f(t) \overline{\psi}\left(\frac{t-b}{a}\right) dt \tag{2-3}$$

式中:a 为反映小波周期长度的尺度因子;b 为在时间域平移的时间因子;$f(t)$ 为原始信号;$\psi(t)$ 为基小波函数或小波函数;t 为年份;$\overline{\psi}(t)$ 为 $\psi(t)$ 的复共轭函数;$W_f(a,b)$ 为小波系数。

小波方差通常被用来确定时间序列的主周期,其随时间的变化过程即为小波方差图,其计算公式为

$$\text{Var}(a) = \int_{-\infty}^{\infty} |W_f(a,b)|^2 db \tag{2-4}$$

利用小波系数实部等值线的高低值区可反映出降水序列不同尺度的振荡周期,小波方差极值对应的时间尺度即为降水周期的时间尺度。计算过程中利用 Matlab 软件消除数据边界效应,计算小波修正系数;运用 IMREAL 函数计算小波系数实部序列;借助 Suffer软件绘制小波系数实部等值线图。在此基础上,利用 Matlab 软件计算小波方差序列。降水、气温、径流等水文气象序列所呈现的时间尺度周期的明显程度与小波方差数值的大小有关,即小波方差值越大,其对应的时间尺度的周期性越明显。因此,可通过小波方差图确定降水、气温、径流的主要周期,进而从时间尺度上反映出能量的分布特征[103]。

乌鲁木齐河降水小波系数实部分布见图 2-4(a),可以看出流域内年降水在 20~25 年

的特征时间尺度上呈现明显的周期性振荡,表现出较明显的单一时间尺度变化特征;同时,年降水量存在偏多—偏少—偏多的周期循环阶段过程。从乌鲁木齐河降水小波方差图[见图 2-4(b)]可以看出,降水存在 1 个较为明显的峰值,为 26 年的时间尺度,对应降水变化的第一主周期,其控制着流域内的降水周期。

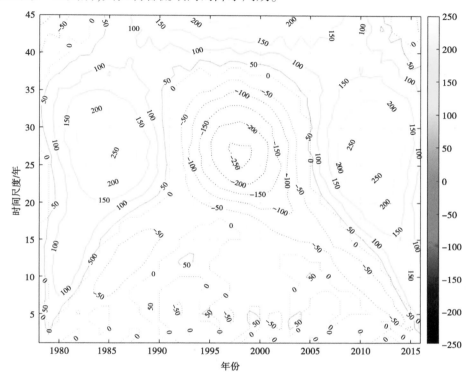

(a)小波系数实部分布图

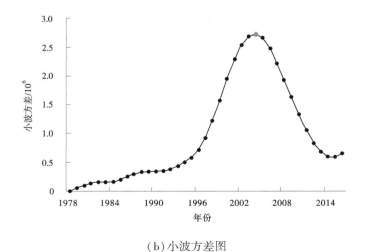

(b)小波方差图

图 2-4　乌鲁木齐河降水小波系数实部分布与小波方差图

2.2.1.4 突变性诊断

本节采用基于秩关系的非参数 Mann-Kendall 统计检验法（简称 M-K 检验法）分析乌鲁木齐河气温序列在不同时段内的变化趋势、显著程度及突变时间[104]。M-K 检验法计算相对简便,参与计算的样本不必遵循特定的分布规律,计算结果不会因个别异常值而受到影响,较适用于顺序变量及类型变量[93],被广泛应用于水文、气象等时间序列的突变性检验中。该方法具体计算过程[105]如下:

(1) 对于具有 n 个样本量的时间序列,构造秩序列:

$$S_k = \sum_{i=1}^{k} \sum_{j=1}^{n} r_i(x_i - x_j) \tag{2-5}$$

式中:x_i、x_j 为时间序列的第 i、j 个数值,当 $x_i > x_j$ 时,r_i 取 1,否则取 0;S_k 为秩序列,即时刻 i 的数值大于时刻 j 的数值数量的累计数。

(2) 假定时间序列随机且独立,将统计量定义如下:

$$UF_k = \frac{S_k - E(S_k)}{\sqrt{Var(S_k)}} \tag{2-6}$$

式中:当 $k=1$ 时,$UF_1=0$,$E(S_k)$、$Var(S_k)$ 分别为累计数的均值、方差。

(3) 当 $x_1, x_2, \cdots, x_n$ 长序列为相互独立且连续分布时,累计数的均值、方差可由下式分别计算:

$$E(S_k) = \frac{n(n-1)}{4} \tag{2-7}$$

$$Var(S_k) = \frac{n(n-1)(2n+5)}{72} \tag{2-8}$$

式中:UF_k 服从标准正态分布,将 α 设定为显著性水平,通过查阅正态分布表,可知对应的 U_α 值。再将时间序列 x 按倒序排列,重复上述过程,同时使 $UB_k = -UF_{(n-k+1)}$。

给定显著性水平的情况下,临界值 U_α 的上下边界则形成置信区间,将 UF、UB 统计量曲线与之绘制在同一张图上,可根据三者的交互关系判断突变时间及其显著程度。若各因子选取的置信区间不同,其计算结果便无可比性,且存在分析误差[106]。因此,本节统一将水文气象的显著性水平设置为 $\alpha = 0.05$,临界值 $U_\alpha = \pm 1.96$。

乌鲁木齐河降水突变统计曲线见图 2-5,可以看出在给定显著性水平 $\alpha = 0.05$、临界值 $U_\alpha = \pm 1.96$ 的条件下,径流 UF 统计曲线呈现出由负值到正值的变化过程,但 UF 值未超过检验临界显著性水平线,表明 1978~2016 年期间降水变化整体呈不显著的增加趋势。其中,1980 年、1986 年 UF 值小于 0,其他年份均大于 0,表明 1978~1986 年降水呈增加—减少—增加—减少的变化特征;1986 年后 UF 均大于 0,表明 1986 年后降水主要呈增加的变化特征。图 2-5 中 UF 和 UB 统计过程线在临界水平线内存在多个相交点,如 1984年、1987 年、2001 年、2002 年、2006 年、2008 年、2009 年、2015 年,这些相交点中存在虚假突变点,故无法确定具体突变点。由图 2-3 可知降水累积距平过程线在 1987 年、1996 年、

2002 年出现转折,即 1978~1987 年与 1996~2002 年为明显下降阶段,1978~1996 年与 2002~2016 年为波动上升阶段,因此结合 UF、UB 相交点判断 1987 年与 2002 年为降水发生的突变年份。

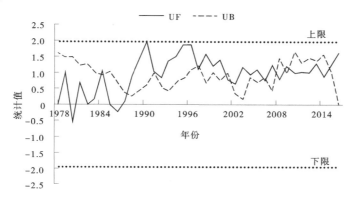

图 2-5 乌鲁木齐河降水突变统计过程线

2.2.2 气温变化特征分析

2.2.2.1 不同时间尺度下变化特征

选取乌鲁木齐河长时间序列气温资料分别绘制年内、年际变化过程线(见图 2-6)。由图 2-6(a)可以看出,乌鲁木齐河年内气温要素与降水要素变化特征相似,呈"单峰型",气温年内差异较大,高温主要集中在 6~8 月,其平均温度在 12.65 ℃左右;最高温度出现在 7 月,达 13.56 ℃;11 月至次年 3 月平均温度均低于 0 ℃,最低平均温度出现在 1 月,达 −10.25 ℃。由乌鲁木齐河平均气温长系列数据求得多年平均气温为 2.03 ℃;由图 2-6 (b)可以看出,最低年平均气温出现在 1984 年,为 −0.34 ℃,最高年平均气温出现在 2013 年,为 3.89 ℃。平均气温年际间以 0.80 ℃/10 a 的微弱速率波动增加,其中在 2000 年之后,波动增加趋势较为明显。

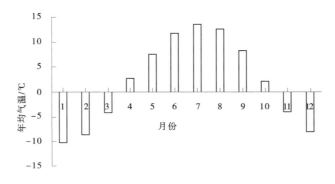

(a)年内变化过程线

图 2-6 乌鲁木齐河气温年内与年际变化过程线

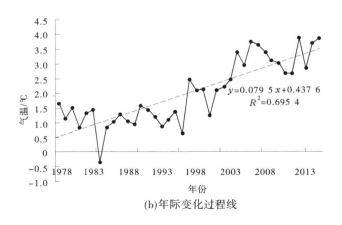

(b)年际变化过程线

续图 2-6

将乌鲁木齐河 1978～2016 年气温序列按年代际划分,计算其距平值,并与多年平均值相比,得到气温不同年代际的距平占比,结果见表 2-2。可以看出,20 世纪 80 年代前与 20 世纪 90 年代气温年代际距平占比为负值,表明这两个阶段气温序列呈降低趋势,而 20 世纪 80 年代与 20 世纪 90 年代后年代际距平占比由负值变为正值,表明气温序列由低温向高温过渡,存在完整的变化周期。其中,20 世纪 80 年代前气温降幅明显,较年均气温下降 15.18%,进入 2010 年后气温增幅较大,较年均气温上升达 29.35%。

表 2-2　乌鲁木齐河气温年代际距平占比　　　　　　　　　　　　　%

项目	1978～1979 年	20 世纪 80 年代	20 世纪 90 年代	21 世纪 00 年代	2011～2016 年
气温距平占比	−15.18	28.00	−10.57	0.87	29.35

2.2.2.2　趋势性分析

本节选取累积距平法分析乌鲁木齐河气温趋势变化,该方法在分析降水时已详细说明,此处不再赘述。利用乌鲁木齐河 1978～2016 年降水年际变化过程线[见图 2-2(b)],计算其累积距平值,得到乌鲁木齐河近四十年降水累积距平曲线,见图 2-7。可以看出,1978～2016 年乌鲁木齐河气温序列整体呈明显的下降—上升阶段性变化特征,存在 1 个完整的高低变化周期,即 1978～2000 年为气温下降阶段,表明在该阶段气温呈持续且明显的下降趋势(1996～2000 年期间下降趋势有所减缓,呈波动变化状态);2000～2016 年为气温上升阶段,表明该阶段气温呈持续且明显的上升趋势。

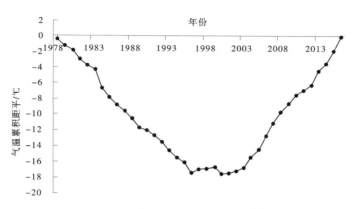

图 2-7　乌鲁木齐河气温累积距平过程线

2.2.2.3　周期性判断

本节通过 Morlet 小波分析法来确定乌鲁木齐河气温在不同时间尺度的周期振荡变化,该方法在分析降水时已详细说明,此处不再赘述。乌鲁木齐河气温小波系数实部分布见图 2-8(a),乌鲁木齐河降水变化小波方差见图 2-8(b)。由图 2-8(a)可以看出,图中实线表示气温偏高,虚线表示气温偏低;在气温演变过程中,出现明显的高—低—高交替的振荡变化特征。从图 2-8(b)中可以看出,气温序列的周期性特征较为明显,存在一个峰值,时间尺度为 9 年,可能由于数据序列较短,第 2 个峰值未能展现出来。

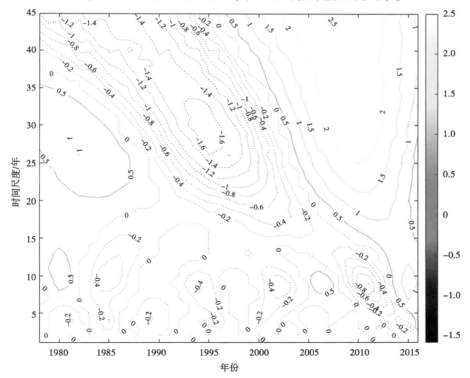

(a)气温小波系数实部分布

图 2-8　乌鲁木齐河气温小波系数实部分布与降水变化小波方差图

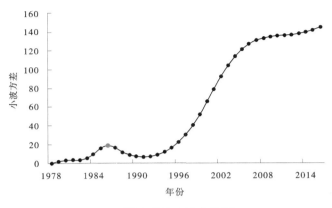

(b)降水变化小波方差图

续图 2-8

2.2.2.4 突变性诊断

本节选取 M-K 检验法分析乌鲁木齐河气温突变性,该方法在分析降水时已详细说明,此处不再赘述。乌鲁木齐河气温突变统计曲线见图 2-9,可以看出,在给定显著性水平 $\alpha = 0.05$、临界值 $U_\alpha = \pm 1.96$ 的条件下,气温 UF 统计曲线呈现由负值到正值的变化趋势,表明气温先降低后逐渐升高,即 1978~1997 年 UF 统计值均小于 0,表明在此期间气温变化呈下降趋势;1997~2016 年 UF 统计值均大于 0,表明在此期间气温变化呈回升趋势,且在 2003 年通过 $\alpha = 0.05$ 显著性检验,达到显著水平,说明气温在此之后呈明显上升趋势。UF、UB 统计曲线在临界范围内相交于 2002 年,表明 1979~2016 年乌鲁木齐河气温在 2002 年发生由低到高的突变,此结果与气温累积距平统计结果中气温在 2000~2016 年呈持续且明显的上升趋势较为吻合。

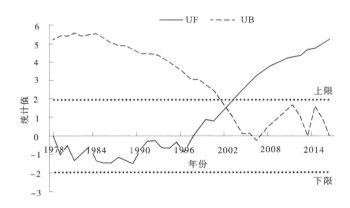

图 2-9　乌鲁木齐河气温突变统计过程线

2.2.3　积雪时空演变特征分析

乌鲁木齐河英雄桥水文站位于出山口,其上游高寒山区常年被永久性冰川积雪覆盖,是乌鲁木齐河径流补给的主要来源——冰雪融水产流区。由于美国 NASA 系统于 2000

年发射观测卫星,为避免因技术问题造成的数据不稳定性,本节选取 2001～2016 年 MOD10A02 遥感影像资料作为研究乌鲁木齐河上游产流区雪盖分布的基础数据,利用 ArcGIS 软件对乌鲁木齐河流域产流地带积雪覆盖率进行提取,最终得到 2001～2016 年的雪盖资料。因雪盖资料年限不及气温、降水序列时间长,该序列不符合做"三性"(趋势性、突变性、周期性)分析的数据长度要求,故本节对其时空演变规律进行探讨,能全面体现积雪覆盖率因子自身在时空格局上的分布特性。

2.2.3.1 基于遥感技术的积雪信息反演

MODIS 为中等分辨率光谱成像仪,是上午星 Terra 和下午星 Aqua 承载的 5 种对地观测仪之一,具有 36 个光谱通道,是 NASA 地球观测系统(EOS)中关键的空间传感器。考虑到目前我国积雪资料获取的主要来源为气象站定时观测,受环境所限,新疆地面气象站分布不均,尤其对环境恶劣的高寒山区雪情了解甚少。结合 MODIS 数据时间分辨率高、周期短、时像多、成像范围大、成本低等优点综合考虑,MODIS 数据是监测积雪动态变化的理想数据源,因而利用遥感技术反演长序列的积雪信息成为时下相对高效的研究手段。本章采用美国国家冰雪数据中心(National Snow and Ice Data Center, NSIDC)提供的 MODIS 八日合成的分辨率为 500 m 的积雪覆盖产品 MOD10A02 作为遥感数据源。将一定时段内的遥感数据进行合成来消除云"污染"是提高影像质量的有效方法[107]。

在对 MOD10A02 进行雪盖提取前,需利用数据处理工具 MRT 软件(MODIS Reprojection Tool)对 MODIS 数据进行重投影、几何校正、重采样及格式转换处理[108]。转换后的影像采用 Albers 等积投影、WGS1984 椭球体坐标系。MRT 软件预处理操作界面见图 2-10。

图 2-10　MRT 软件预处理操作界面

具体 MODIS 积雪面积处理及计算与统计具体过程如下:

(1)通过 MRT 软件对下载的原始 MODIS(格式为.hdf)进行格式转换及投影,并用乌鲁木齐河流域范围进行裁剪,得到研究区所在范围的积雪栅格数据,格式为.tiff。

(2)通过 ArcGIS 10.5 软件对积雪栅格数据三像元(积雪、云、陆地)基于相邻像元法进行去云处理,以得到逐月积雪数据。

（3）采用 ArcGIS 中栅格转矢量工具将栅格数据转化为矢量数据,并在矢量数据中通过计算几何这一步骤计算并统计乌鲁木齐河逐月积雪面积。

2.2.3.2 不同时间尺度下变化特征

本节通过 2001~2016 年 MODIS 积雪遥感影像提取并统计乌鲁木齐河流域积雪面积。图 2-11 为乌鲁木齐河流域 2001~2016 年各季节积雪面积年际变化过程线。积雪有季节性的特征,积雪面积会随四季的交替而变化。乌鲁木齐河流域四季分为春季(3~5月)、夏季(6~8月)、秋季(9~11月)和冬季(12月至次年2月)。

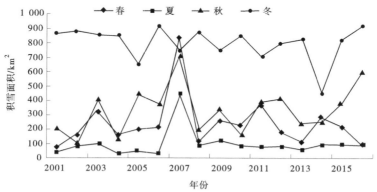

图 2-11　2000~2016 年乌鲁木齐河流域各季节积雪面积年际变化曲线

与年内变化相比,流域积雪面积的季节性年际差异更明显,冬季年际差异最大,夏季年际差异最小,春秋介于两者之间。冬季平均积雪面积最大,其值为 800.38 km²;夏季平均积雪面积最小,其值为 72.78 km²;春、秋季平均积雪面积分别为 198.37 km² 和 311.14 km²。各季积雪面积年际波动幅度均较大,春季最大正距平出现在 2011 年,比春季积雪平均值大 173.51 km²;最大负距平出现在 2001 年,比春季积雪平均值小 155.41 km²。夏季变化趋势相对平缓,最大正负距平值分别出现在 2009 年和 2004 年;秋季最大正负距平值分别出现在 2005 年和 2004 年;冬季出现在 2006 年和 2014 年,正负距平值分别为 114.37 km² 和 344.3 km²。对整体变化趋势而言,2001~2016 年,流域四季积雪面积均呈现下降趋势,其中秋、冬季下降趋势最为明显。

图 2-12 为 2000~2016 年乌鲁木齐河流域月均积雪面积变化曲线,由图 2-12 可以看出,流域内积雪面积随四季变化有如下规律:流域积雪从 9 月开始逐渐增加,积雪累积期主要集中在 9 月至次年 3 月。12 月至次年 2 月积雪面积比较稳定且 1 月达到最大值 857.45 km²。从 3 月开始积雪逐渐融化进入消融期,于 6 月积雪面积达到最小值,为 59.73 km²。从各季节占比来看,冬季积雪面积最大,占全年积雪覆盖面积的 57.70%;夏季积雪面积最小,仅占全年积雪覆盖面积的 5.25%;春季和秋季积雪面积介于冬夏两季之间,分别占全年积雪覆盖面积的 14.62% 和 22.43%。

2.2.3.3 空间分布演变特征

本节采用 ArcGIS 软件从 DEM 栅格文件中划分出的不同高程带,从中提取相应的积雪覆盖率,从而体现出乌鲁木齐河流域积雪覆盖率的空间动态变化过程。DEM(digital elevation model)数字高程模型是以网格和离散分布的平面高程点来表达和模拟连续地面高程空间分布的数字模型。本节选用的 DEM 数据来自地理空间数据云的 SRTMDEM 90

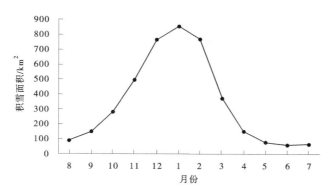

图 2-12　2000~2016 年乌鲁木齐河流域月均积雪面积变化曲线

m 分辨率数字高程数据,数据空间分辨率为 90 m。根据 DEM 数据对乌鲁木齐河流域高程进行分带处理,并在每个分带区间选取一条等高线,该等高线可平分其所属的分带面积,将其高程作为此分带的平均高程。利用 ArcGIS 统计功能,计算得到每个高程分带面积。结合乌鲁木齐河地形地貌特征,按照高程划分为 A、B、C、D、E 5 个高程带,具体分带情况见表 2-3。

表 2-3　乌鲁木齐河流域高程分带情况

高程分带	高程分区/m	平均高程/m	分带面积/km²
A	4 000~4 441	4 220.5	0.22
B	3 500~4 000	3 750.0	16.29
C	3 000~3 500	3 250.0	322.74
D	2 500~3 000	2 750.0	403.60
E	1 878~2 500	2 189.0	183.40

将 DEM 数据与 MOD10A2 数据转换至同一投影坐标系 WGS_1984 下,利用 ArcGIS 进行栅格代数运算。通过积雪像元与分带高程叠加后,可得到乌鲁木齐河上游产流区 5 个高程带的积雪覆盖率空间变化过程,见图 2-13。

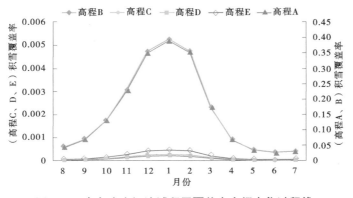

图 2-13　乌鲁木齐河流域积雪覆盖率空间变化过程线

由图 2-13 可知,5 个高程带的积雪覆盖率均呈"U"形分布,峰值均出现在 1 月,谷值均出现在 6 月,且随着高程带由高到低呈递减趋势。在高程 A(4 000 ~4 441 m)区间,积雪覆盖率峰值为 1 月的 38.98%,融雪时间相对滞后,5 月左右雪盖明显减少,6 月达到谷值,并于 8 月呈现增加趋势;在高程 B(3 500 ~4 000 m)区间,融雪时间同样滞后,但不如高程 A 明显,雪盖于 9 月明显增加,时间晚于高程 A,可见随着海拔高度的递减,乌鲁木齐河流域气候差异性逐渐显现;在高程 C(3 000 ~3 500 m)区间,融雪时间已提前至 4 月前后,并于 10 月出现明显增势;在高程 D(2 500 ~3 000 m)区间,积雪覆盖率全年均低于 5.0%。在高程 E(1 878~2 500 m)区间,积雪覆盖率全年均低于 5.0%。由积雪覆盖率空间分布情况的差异性可知,不同高程带对应的气候条件有所差异,该差异决定了径流的补给方式各不相同,即融雪产流模式存在空间差异性。因此,掌握积雪覆盖率这一空间变量,对分布式融雪径流模拟计算时确定参数最优值起决定性的作用。

2.3 水文要素序列变化特征

2.3.1 径流变化特征分析

2.3.1.1 不同时间尺度下变化特征

乌鲁木齐河 1956~2016 年径流量年内、年际变化过程见图 2-14。由图 2-14(a)可以看出,径流序列年内呈"单峰型",径流分配极不均匀,主要集中在 6~8 月,占年径流总量的 74.13%,最大径流量集中在 7 月,占年径流总量的 40.16%,最小径流主要集中在 12 月至次年 3 月,仅占年径流总量的 5.29%。与降水[见图 2-2(a)]、气温[见图 2-6(a)]的年内分配情况相比,高低峰值对应整齐,水文气象的峰值变化集中反映在 7 月,该月气温、降水、径流均达到峰值;由乌鲁木齐河英雄桥水文站长系列径流数据求得多年平均径流量为 2.43 亿 m³;由图 2-14(b)可以看出,最大年径流量发生 1996 年,为 3.46 亿 m³,最小年径流量发生在 1968 年,为 1.80 亿 m³,年径流量在年际间平均以 0.26 亿 m³/10 a 的速率波动减少。

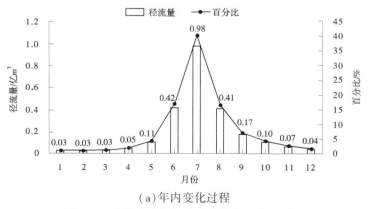

(a)年内变化过程

图 2-14 乌鲁木齐河径流年内与年际变化过程

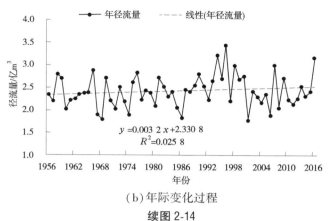

（b）年际变化过程

续图 2-14

将乌鲁木齐河英雄桥水文站 1956~2016 年径流序列按年代际划分,计算其距平值,并与多年平均值相比,得到径流不同年代的距平占比,结果见表 2-4。可以看出,径流距平占比变化复杂,正负值占比交替出现,径流由 20 世纪 80 年代前偏枯期进入 20 世纪 80 年代转为偏丰期,后至 20 世纪 90 年代转为偏枯期,至 21 世纪 00 年代后又转变为偏丰期,且在 2011~2016 年期间年均径流量上升到最大,达到 29.35%。

表 2-4　乌鲁木齐河径流年代际距平占比　　　　　　　　　　　　　　　　%

项目	1978~1979 年	20 世纪 80 年代	20 世纪 90 年代	21 世纪 00 年代	2011~2016 年
径流距平占比	−15.18	28.00	−10.57	0.87	29.35

2.3.1.2　趋势性分析

本节选取累积距平法分析乌鲁木齐河径流序列的趋势变化,利用乌鲁木齐河英雄桥水文站 1956~2016 年年径流年际变化过程线［见图 2-14（b）］计算其累积距平值,得到 60 年径流累积距平曲线,见图 2-15。从图 2-15 可以看出,1956~2016 年径流呈现出明显的阶段性波动特征,可将其演变过程分为 3 个阶段:1956~1986 年为明显的径流减少期,该阶段径流表现为持续枯水期,其中 1976~1984 年径流减少相对平缓;以 1986 年为转折点,1986~2000 年为明显的径流增加期,达到 60 年径流累积距平最大值（0.89 亿 m³）,该阶段径流表现为持续的丰水期;2000~2016 年为径流减少期,其中 2005~2009 年径流表现出频繁的上下波动状态但波动幅度较小,表明该事件年径流处于丰枯交替阶段。

2.3.1.3　周期性诊断

本节采用 Morlet 小波分析法对乌鲁木齐河多年径流序列进行周期演变分析。乌鲁木齐河径流小波系数实部分布见图 2-16（a）（小波系数实部正值用实线表示,代表径流偏丰;负值用虚线表示,代表径流偏枯,0 意味着为丰枯转折点）。可以看出,在乌鲁木齐河径流演变过程中,多处出现"枯—丰"两次交替振荡,出现两个偏丰中心与一个偏枯中心。

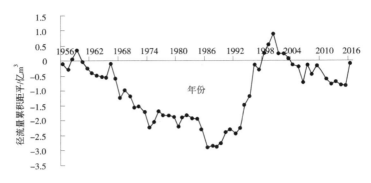

图 2-15　乌鲁木齐河径流累积距平过程线

由于小波方差图［见图 2-16(b)］可以反映出径流序列随时间而变的能量波动分布情况，因此多用于探索年径流演化过程中的主周期变化过程。径流时间序列存在 4 个较为明显的方差极值，由小到大依次对应着 3 年、8 年、18 年、42 年的时间尺度。最大方差峰值对应的年份为 42 年，意味着以 33 年为一个周期的径流演变规律最为明显。因此，42 年为乌鲁木齐河年径流变化的第一主周期；18 年的时间尺度对应着第 2 大峰值，可视其为径流变化的第 2 主周期；以此类推，乌鲁木齐河主要由 4 个主周期控制着径流在整个时间段内(1956～2016 年)的变化特征。

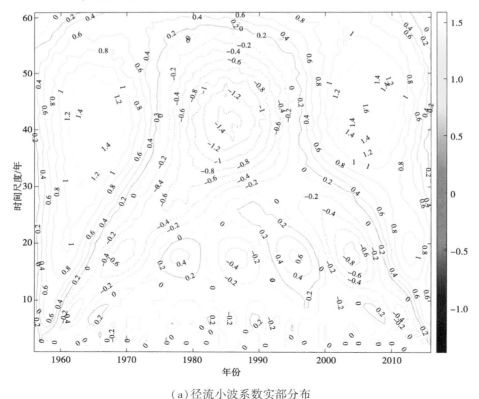

(a)径流小波系数实部分布

图 2-16　乌鲁木齐河径流小波系数实部分布与小波方差图

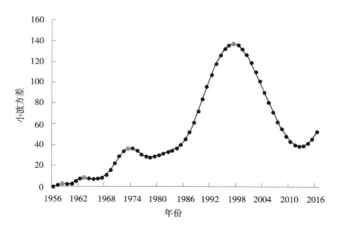

（b）小波方差图

续图 2-16

2.3.1.4　突变性诊断

本节选取 M-K 检验法分析乌鲁木齐河径流突变性，突变统计曲线见图 2-17。从图 2-17 可以看出，在给定显著性水平 $\alpha = 0.05$、临界值 $U_\alpha = \pm 1.96$ 的条件下，径流 UF 统计曲线整体呈由负值到正值的变化趋势，表明径流先减少后逐渐增多。UF、UB 统计曲线在临界范围内共有 8 个交点，分别为 1966 年、1981 年、1986 年、2004 年、2007 年、2008 年、2013 年、2015 年，即有 8 个突变点。由于 1966 年、2013 年、2015 年这 3 个年份距离该系列的起始、结尾序列较近，靠近边界的交点尚需更长的水文资料进行验证，且短时间内不会出现频繁突变现象，故忽略这 3 个年份突变点。结合径流累积距平过程线结果，1986年为径流时间序列减少—增加阶段性变化转折点；图 2-17 中 UF 曲线在 1986 年后也由负值转变为正值，表明径流在 1986 年呈现出由减少到增多的趋势转变。故通过以上分析，Mann-Kendall 法诊断得出乌鲁木齐河径流突变点为 1986 年。

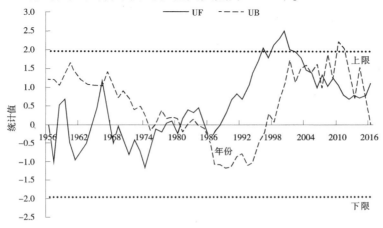

图 2-17　乌鲁木齐河径流突变统计过程线

2.3.2 径流与气象要素变异关系诊断

对于具有永久性冰川、积雪分布的乌鲁木齐河而言,其径流对气候变化的响应是一个复杂的过程,而径流与气象要素的演变过程是相互影响的,在分析径流与气象要素联合序列关系变异情况时,若只简单计算径流与某一气象要素的相关关系,并不能准确反映两要素间的变异情况,还需要考虑各气象要素间的相互影响[109]。因此,为了揭示乌鲁木齐河径流与气象要素之间的变异关系,本节采用偏相关系数法对径流与气象要素进行分析,并采用双累积曲线法进行对比验证,以提高诊断结果的准确性。在进行偏相关分析前,先判断影响乌鲁木齐河径流的关键气象要素。将径流数据作为因变量 Y,同期降水、气温、积雪面积数据分别作为自变量 X_1、X_2、X_3,通过 SPSS 软件计算 Pearson 相关系数(见表 2-5)。由表 2-5 可以看出,得相关系数的大小排序为 $R_{X1Y}>R_{X2Y}>R_{X3Y}$,且 Y 与 X_1 相关性显著,相关系数分别为 0.779、0.451、0.237,表明降水、气温、积雪对乌鲁木齐河上游径流增加起到正向影响关系,其中降水对径流的影响最大,可视为影响乌鲁木齐河径流变化的关键气象要素。

表 2-5 乌鲁木齐河径流与同期气象要素相关系数

要素	径流(Y)	降水(X_1)	气温(X_2)	积雪面积(X_3)
径流(Y)	1.000	0.779**	0.451	0.237
降水(X_1)	0.779**	1.000	0.443	0.248
气温(X_2)	0.451	0.443	1.000	0.256
积雪面积(X_3)	0.237	0.480	0.256	1.000

注:** 表示在 0.01 级别(双尾),相关性显著。

依据径流以气象要素(降水、气温、积雪面积)Pearson 相关分析结果可知,径流与降水关联性最好,且相关性显著。因此,选取乌鲁木齐河径流、降水、气温同时段逐月数据(1978~2016 年),采用滑动偏相关系数法诊断径流-降水关系的变异情况,基本思路为:首先,对径流、降水、气温序列分别在同一步长(L),不同滑动窗口(W)求出降水-径流、降水-气温、气温-径流的相关系数序列;其次,求出不同滑动窗口下降水-径流的偏相关系数序列;最后,根据此序列变化趋势诊断降水-径流联合序列的变异点。同时,为验证该诊断方法对降水-径流联合序列关系变异的诊断结果,采用双累积曲线法对上述诊断结果进行对比验证,以此提高诊断结果的准确性。计算公式如下:

$$pr(t_0) = \frac{r_{R,P}(t_0) - r_{R,T}(t_0) \cdot r_{P,T}(t_0)}{\sqrt{[1 - r_{R,T}(t_0)^2] \cdot [1 - r_{P,T}(t_0)^2]}} \tag{2-9}$$

式中:$pr(t_0)$ 为降水-径流的滑动偏相关系数序列;$r_{R,P}(t_0)$ 为降水-径流滑动相关系数序列;$r_{R,T}(t_0)$ 为气温-径流滑动相关系数序列,$r_{P,T}(t_0)$ 为气温-降水滑动相关系数序列。其中,$r_{R,P}(t_0)$ 计算公式为

$$r_{R,P}(t_0) = \frac{\sum\limits_{t=t_0-W}^{t=t_0+W} \left[R(t) - \overline{R}(t_0) \right] \left[P(t) - \overline{P}(t_0) \right]}{\sqrt{\sum\limits_{t=t_0-W}^{t=t_0+W} \left[R(t) - \overline{R}(t_0) \right]^2 \left[P(t) - \overline{P}(t_0) \right]^2}} \qquad (2\text{-}10)$$

$$\overline{R}(t_0) = \sum_{t=t_0-W}^{t=t_0+W} R(t) / (2W+1) \qquad (2\text{-}11)$$

$$\overline{P}(t_0) = \sum_{t=t_0-W}^{t=t_0+W} P(t) / (2W+1) \qquad (2\text{-}12)$$

式中:W 为滑动窗口长度,取值 1、3、5、7 年;$R(t)$ 为径流序列;$P(t)$ 为降水序列。

其中 $r_{R,T}(t_0)$ 和 $r_{P,T}(t_0)$ 计算过程与 $r_{R,P}(t_0)$ 计算过程类同;滑动窗口大小应为 $2W+1$,则滑动相关值从窗口的第 $W+1$ 年记起,即式(2-10)的 t_0 年。

具体计算步骤如下:

(1)确定滑动步长 L 和选取不同的滑动窗口 W,其中两联合序列(如径流-降水序列)滑动窗口长度需保持一致,且滑动过程中也需保持一致。

(2)根据式(2-10)~式(2-12),从两联合序列的第一个数据开始以同一滑动步长 L 移动窗口 W,直至数据序列结束,以此计算不同滑动窗口下降水-径流滑动相关系数序列 $r_{R,P}(t_0)$。

(3)参考步骤(1)、(2)计算过程,再分别计算出 $r_{R,T}(t_0)$ 与 $r_{P,T}(t_0)$,然后根据式(2-9)计算出降水-径流的滑动偏相关系数序列 $\mathrm{pr}(t_0)$ 并作图。

(4)根据步骤(3)所得降水-径流滑动偏相关系数图,判断两联合序列关系变异情况,以此找出关系变异点,同时为保证所得变异点的准确性,采用双累积曲线法进行对比验证。

计算滑动相关系数对数据进行滑动分析时,若选取的滑动窗口长度 W 太短,则会造成检测出的关系曲线波动较为频繁或极值点较多,不宜判断具体变异点;若选取的滑动窗口长度 W 太长,则会造成变异点检测产生缺漏。因此,本书选取滑动步长 $L=1$ 年(12 个月),滑动窗口 W 分别为 1 年(12 个月)、3 年(36 个月)、5 年(60 个月)、7 年(84 个月),以此有梯度变化的逐步扩大滑动窗口,进行精确的检测变异点,结果见图 2-18。可以看出,在滑动窗口长度 W 分别为 1 年、3 年、5 年、7 年下,径流-降水联合序列的偏相关系数整体呈现出 2 个变化阶段,其中 W 为 1 年、3 年、5 年、7 年时,偏相关系数曲线分别在 2003 年、2002 年、2002 年、1998 年前呈增加趋势,之后呈减小趋势;2003 年、2002 年、2002 年、1998 年径流-降水偏相关系数分别为 0.91、0.82、0.76、0.77。由此,通过比较各窗口下变异点偏相关系数值,初步判断乌鲁木齐河径流-降水联合序列可能在 1998 年、2002 年、2003 年发生了变异。

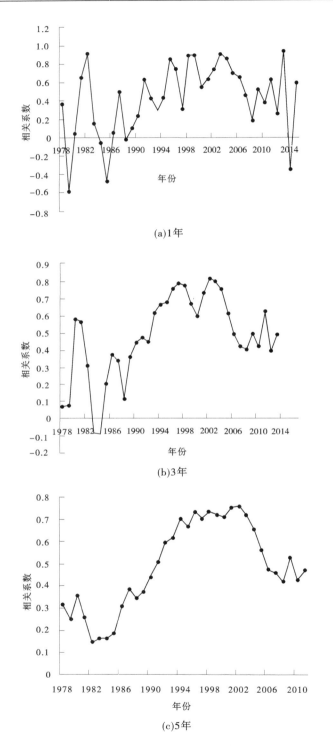

(a)1年

(b)3年

(c)5年

图2-18 乌鲁木齐河不同滑动窗口下径流−降水偏相关系数过程线

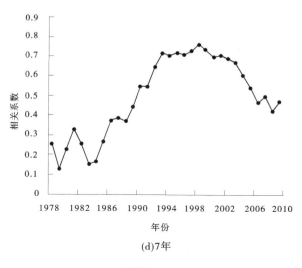

(d)7年

续图 2-18

为进一步验证,采用双累积曲线法分析乌鲁木齐河径流–降水关系,结果见图 2-19。可以看出,径流–降水关系在 1998 年前后发生较大变化,即双累积曲线在 1998 年直线斜率发生偏折,1998~2016 年直线斜率较 1978~1998 年发生向上偏离现象,表明在降水不变的情况下,径流量是增加的,即径流量在受降水变化影响的同时也受气温的影响,从而使得双累积曲线发生偏折,因此径流–降水关系在 1998 年发生变异,其变异点诊断结果与基于滑动偏相关系数的变异点诊断结果一致。造成乌鲁木齐河水文气象要素序列变异的原因可能为乌鲁木齐河径流主要产自高寒山区,径流补给来源以山区降水和冰川、积雪融水为主;通过长系列径流、降水、气温要素序列演变规律分析结果表明,降水、径流要素序列整体变化趋势具有较高的一致性,降水增加的同时,气温也在升高,导致山区冰雪加速消融。

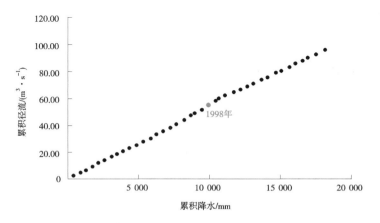

图 2-19　乌鲁木齐河径流–降水联合序列双累积曲线过程线

2.4 小 结

本章利用乌鲁木齐河出山口水文站降水、气温、径流要素长序列资料,采用数理统计方法分析不同时间尺度的变化特征;选取 MODIS 积雪数据产品分析积雪面积年内、年际变化规律;在此基础上,采用 Pearson 相关系数法分析径流与降水、气温、积雪面积的相关性,识别影响径流的主要因素,主要结论如下:

(1)乌鲁木齐河降水年内呈"单峰型",年内分配极不均匀,主要集中在 5~8 月,占多年平均年降水量的 70.53%,多年平均月降水量为 200.33 mm;年降水量在年际间平均以 18.32 mm/10 a 的增长速率波动增加,整体呈明显的下降—上升—下降—上升的阶段变化特征;通过小波分析得出年降水在 20~25 年的特征时间尺度上呈现明显的周期性振荡,表现出较明显的单一时间尺度变化特征;同时,年降水量存在偏多—偏少—偏多的周期循环阶段过程;通过 M-K 检验法得出 1987 年与 2002 年可能为降水发生的突变年份。

(2)乌鲁木齐河年内气温要素与降水要素变化特征相似,呈"单峰型",气温年内差异较大,高温主要集中在 6~8 月;平均气温年际间以 0.80 ℃/10 a 的微弱速率波动增加;1978~2016 年气温序列整体呈明显的下降—上升阶段性变化特征;在气温演变过程中,周期性特征较为明显,存在一个峰值,时间尺度为 9 年;通过 M-K 检验法得出气温在 2002 年发生由低到高的突变。

(3)乌鲁木齐河流域积雪从 9 月开始逐渐增加,积雪累积期主要集中在 9 月到次年 3 月,从 3 月开始积雪逐渐融化进入消融期,于 6 月积雪面积达到最小值,为 59.73 km²;从各季节占比来看,冬季积雪面积最大,占全年积雪覆盖面积的 57.70%;夏季积雪面积最小,仅占全年积雪覆盖面积的 5.25%;春季和秋季分别占全年积雪覆盖面积的 14.62% 和 22.43%;从积雪年际变化过程来看,各季积雪面积年际波动幅度均较大,2001~2016 年流域四季积雪面积均呈现下降趋势,其中秋、冬季下降趋势最为明显;根据 DEM 高程划分乌鲁木齐河流域,可划分为 5 个高程带,各个高程带的积雪覆盖率均呈"U"形分布,峰值均出现在 1 月,谷值均出现在 6 月,且随着高程带由高到低呈递减趋势。

(4)乌鲁木齐河 1956~2016 年径流量年内呈"单峰型",径流分配极不均匀,主要集中在 6~8 月,占年径流总量的 74.13%;年径流量在年际间平均以 0.26 亿 m³/10 a 的速率波动减少;1956~2016 年径流呈现出明显的阶段性波动特征,可将其演变过程分为 3 个阶段:1956~1986 年为明显的径流减少期,1986~2000 年为明显的径流增加期,2000~2016 年径流表现为减少期;乌鲁木齐河年径流主要由 4 个主周期控制着径流在整个时间段内变化,其中 42 年为乌鲁木齐河年径流变化的第一主周期;18 年的时间尺度对应着第 2 大峰值,可视其为径流变化的第二主周期;通过 M-K 检验法得出年径流突变点为 1986 年。

(5)乌鲁木齐河径流与同期(2001~2016 年)气象要素(降水、气温、积雪面积)进行相关分析表明,降水为径流的主要影响因素;在此基础上,采用滑动偏相关系数法分析径流-降水要素联合序列的变异情况,通过比较各窗口下($W=1$ 年、3 年、5 年、7 年)变异点偏相关系数值,初步判断乌鲁木齐河径流-降水联合序列可能在 1998 年、2002 年、2003 年发生了变异;采用双累积曲线法对径流-降水关系进一步验证,结果表明径流-降水关系在 1998 年发生变异,其变异点诊断结果与基于滑动偏相关系数的变异点诊断结果一致。

第 3 章 有无遮蔽条件下积雪期分层 积雪物理特性研究

3.1 试验设计与观测

利用试验区林区分布及植被种类等相关调查资料,且经过实地考察,选择积雪覆盖试验区内具有代表性的榆树林区设置样地,冬季降雪开始前在有无遮蔽条件下(郁闭度为80%的榆树林冠下、林外开阔地)选择代表地段各布设一个面积规格为 10 m×10 m 的积雪观测样地(见图 3-1),在样地四周顶点处插入 PVC 标杆,在 PVC 标杆顶点处利用颜色较为醒目的彩色尼龙绳将四周围起来并做好标识,以确保试验观测期间天然积雪样方表面平整且不受外界环境污染及人为踩踏干扰。

(a)开阔地试验准备   (b)林冠下试验准备

(c)利用积雪特性分析仪收集数据   (d)有无遮蔽条件对照

图 3-1 有无遮蔽条件试验样地设置

3.1.1 试验观测阶段划分及频次

试验观测自 2015 年冬季积雪期开始至 2018 年春已连续观测 4 年。经课题组积融雪研究团队历年观测研究所得,该试验区内积雪累积过程一般始于上年 11 月上旬前后,积雪累积深度于次年 2 月中下旬前后陆续达峰值,就北半球而言,该时段过后伴随太阳直射点北移,所获太阳高度角及其辐射逐渐增加,同时大气温度明显回升致使积雪开始产生消融过程[110]。积雪累积与消融过程伴随外界环境变化具有明显反复波动且不连续的特点,因此确定积融雪期阶段的划分对野外观测试验起到不可忽视的作用。本书根据课题组积融雪研究团队近四年来观测经验,同时结合已有研究[8,60-63,68,111],即大多以观测期内日均气温和日最高气温作为积融雪阶段划分的主要参考依据,结合观测期内各阶段气温变化的不同特点,将试验观测时段依次划分为积雪期、融雪波动期、融雪稳定期,具体划分结果如表 3-1 所示。试验观测积雪期时间段自 2017 年 12 月 29 日开始至 2018 年 1 月 23 日结束,融雪期时间段自 2018 年 2 月 20 日开始至 2018 年 3 月 25 日结束。

表 3-1　试验观测积融雪阶段划分

阶段	起至日期	观测时间及频次	划分依据
积雪期	2017 年 12 月 29 日至 2018 年 1 月 23 日	每日观测依次选择在北京时间 09:00、12:00、15:00、17:00、20:00 共 5 个时间点进行	日均气温及日最高气温均持续低于 0 ℃
融雪波动期	2018 年 2 月 20 日至 2018 年 3 月 6 日		日均气温及日最高气温基本高于 0 ℃,但存在较大波动
融雪稳定期	2018 年 3 月 7 日至 2018 年 3 月 25 日		日均气温及日最高气温均持续高于 0 ℃

3.1.2　试验观测项目

试验重点观测外界环境气象要素(如空气温度、相对湿度、太阳辐射等)、分层积雪物理特性要素(如积雪密度、雪温、雪深、雪水当量及积雪液态含水率等)及融雪期浅层土壤水热特性要素(如土壤温度、土壤湿度)见表 3-2。

3.1.3　试验数据获取

3.1.3.1　气象要素观测

在有无遮蔽条件下(林冠下、开阔地)试验样地架设的 Onset HOBO 微型自动气象站进行同步收集距地表以上 1.5 m 处气象要素(如太阳辐射、空气温湿度、风速、风向及降水等)资料,提前设置好数据采集器时间间隔,为 15 min。

3.1.3.2　积雪温度、密度与含水率观测

观测前于雪盖处切开垂直剖面,根据积雪分类标准[112]将积雪剖面由雪面开始自上而下大致分为 5 层:新雪层(粒径范围 0.1~0.4 mm)、细粒雪层(粒径范围 0.5~1 mm)、中粒雪层(粒径范围 1~2 mm)、粗粒雪层(粒径范围 2~3 mm)和深霜层(粒径范围 3~6 mm)。利用 TP3001 便携式温度计、SnowFork 雪特性分析仪同步测量积雪分层温度、密度及含水率,测量时将仪器探头插入相应积雪层,为确保观测数据真实有效,每层水平测量 4~6 处样点,取平均值作为该层最终数据。

表 3-2 试验观测样地观测项目与仪器类型

要素	观测项目	传感器类型	分辨率
气象要素	空气温度	Onset HOBO 微型自动气象站	0.010 ℃
	相对湿度		1.000%
	风速		0.100 m/s
	风向		1.000°
	降水		0.100 mm
	太阳辐射		—
积雪要素	积雪深度	雪尺	1.000 mm
	积雪温度	TP3001 便携式温度计	0.100 ℃
	积雪含水率	SnowFork 雪特性分析仪	0.100%
	积雪密度	SnowFork 雪特性分析仪	0.001 g/cm³
	雪水当量	—	0.100 mm
冻土要素	土壤温度	MicroLite5032P-RH U 盘式土壤温湿度记录仪	0.100 ℃
	土壤湿度		0.010%

3.1.3.3 积雪深度观测

冬季降雪开始前,需提前在 10 m×10 m 的观测样地对角线上选择 6 个均匀分布的积雪深度固定观测点,并利用量雪尺作为标记固定好具体位置,积雪深度一日内需均匀间隔观测 6~8 次,忽略微地形、地面异物和地表冰冻层对雪深测量的影响,取平均值作为每日最终积雪深度数据。

3.1.3.4 雪水当量计算

雪水当量指当积雪完全融化后,所得到的水形成水层的垂直深度。试验样地内有无遮蔽条件下天然积雪样方雪水当量可根据下式进行计算[70]:

$$SWE = 10\left(\rho_s \frac{SD}{\rho_w}\right) \tag{3-1}$$

式中:SWE 为雪水当量,mm;ρ_s 为积雪密度,g/cm³;SD 为积雪深度,cm;ρ_w 为雪水密度,默认为水的密度,取 1 g/cm³。

3.1.3.5 融雪期土壤温度的测量

采用 MicroLite5032P-RH U 盘式土壤温湿度记录仪对分层土壤温度进行测量,提前将记录仪数据采集时间间隔设置为 30 min,在每年冬季降雪开始前将土壤剖面自地表由上至下依次按照 10 cm 的间隔均匀分为 4 层(10 cm、20 cm、30 cm、40 cm),而后将做好防水处理的土壤温湿度记录仪垂直插入各分层土壤剖面处,最后进行回填并压实,标记好温湿度记录仪埋入土壤的具体位置,以便融雪期结束后将记录仪取出,并读取数据。

3.1.3.6　融雪期土壤湿度的测量

在试验区内有无遮蔽条件下分别选取一个规格为 2 m×2 m 的取土样方,为确保土壤剖面不受气象(如大气温湿度、风速及太阳辐射等)及人为破坏等干扰导致上覆融雪水产生非自然状态下渗,因此在每次取土前需对上覆积雪向内进行轻度推进式开挖约 10 cm 的距离,随后利用取土钻自地表由上至下分别在 10 cm、20 cm、30 cm、40 cm 四个深度层上各取 3 个土样,土壤样品质量约为 100 g 左右,将其装入铝盒密封保存,随后带至室内进行准确称重并按照分层土壤贴上相应的标签,最后利用烘干法测定出各分层土样的体积含水率,取平均值作为最终测量值。

试验期间,需注意天气变化情况,且为确保所取雪样不受物态变化(如蒸发、升华等)及人为踩踏等外界因素干扰所导致对积雪剖面物理特性产生非自然状态堆积的影响,因此积雪剖面需在每次测量前进行轻度开挖约 10 cm 的距离,以保证所获取的测量数值真实可靠。

3.2　积雪期气象特征

3.2.1　空气温湿度变化特征

有无遮蔽条件下积雪期内空气温度与相对湿度逐日变化趋势基本一致,均呈显著波动下降趋势(见图 3-2)。整个积雪观测期,林冠下与开阔地气温呈下降—上升—下降趋势,平均温度均维持在 0 ℃ 以下,为大气降雪及其累积过程创造了稳定的低温环境,具体表现为:①2017 年 12 月 29 日至 2018 年 1 月 1 日期间为积雪观测期内气温相对最高阶段,林冠下气温由-4.21 ℃ 降至-10.92 ℃,开阔地气温由-3.79 ℃ 降至-9.71 ℃,在此期间平均值分别为-8.18 ℃ 和-7.41 ℃;②1 月 1 日之后气温呈波动降低趋势,至 1 月 7 日降至最低,林冠下与开阔地此时气温分别为-22.80 ℃ 和-21.45 ℃,在此期间内(1 月 2～7 日)平均值分别为-15.95 ℃ 和-15.27 ℃,低温环境为后续降雪及其累积过程创造了条件,与上阶段相比下降了 50.06%,积雪观测期内气温明显降低的过程为最寒冷的阶段;③积雪观测中期出现短暂且缓慢的升温阶段,但平均气温仍维持在 0 ℃ 以下,在此期间内(1 月 8～12 日)林冠下与开阔地平均值分别为-13.61 ℃ 和-12.95 ℃,与上阶段相比上升了 14.93%;④自 1 月 12 日后,积雪观测后期有无遮蔽条件下气温均呈持续稳定下降趋势,在此期间内(1 月 13～23 日)平均值分别为-13.01 ℃ 和-12.21 ℃。林冠下平均相对湿度(84%)高于开阔地(68%)。林冠下平均气温(-13.16 ℃)低于开阔地平均气温(-12.40 ℃)。

3.2.2　大气降雪特征

积雪观测期间据统计共降雪 9 场,具体信息见表 3-3,由于第 1 场降雪深度较为浅薄,仅为 2.5 cm,积雪前期地面温度相对较高致使地表降雪迅速发生融化,无法产生积雪累积过程,直至第 2 场降雪到来,该时段气温较低,为后续降雪累积过程提供有利环境条件,在 2017 年 12 月 16～24 日期间连续降雪 3 场,样地地表积雪逐渐出现累积增加趋势,积雪

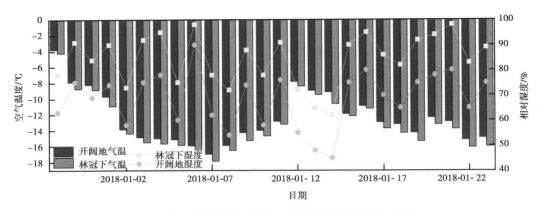

图 3-2　有无遮蔽条件下积雪期气温与湿度逐日变化过程

深度达 13.5 cm。伴随第 6 场暴雪输入后,积雪厚度呈急剧上升趋势,此时样地积雪累积深度达 24.7 cm,已经达到分层积雪物理特性观测试验所需深度。因此,分层积雪物理要素特性观测期自 2017 年 12 月 29 日开始至 2018 年 1 月 23 日结束,在此期间累积共降雪 3 场。

表 3-3　积雪期内大气降雪统计

降雪场次	降雪日期	降雪深度/cm	降雪级别	划分依据
第 1 场	2017 年 11 月 27 日	2.5	小雪	
第 2 场	2017 年 12 月 11 日	2.0	小雪	按照气象上对降雪量大小的规定划分为小雪(0 ≤ SEW < 2.5 mm)、中雪(2.5 mm ≤ SEW < 5 mm)、大雪(5 mm ≤ SEW < 10 mm)、暴雪(SEW ≥ 10 mm)4 个降雪级别[113]
第 3 场	2017 年 12 月 16 日	5.0	大雪	
第 4 场	2017 年 12 月 20 日	4.0	中雪	
第 5 场	2017 年 12 月 24 日	2.5	小雪	
第 6 场	2017 年 12 月 28 日	11.2	暴雪	
第 7 场	2018 年 01 月 01 日	4.0	中雪	
第 8 场	2018 年 01 月 11 日	1.5	小雪	
第 9 场	2018 年 01 月 16 日	6.0	大雪	

　　如图 3-3 所示,整个降雪期内所有场次降雪深度累积达 38.7 cm,其中 11 月降落 1 场小雪,降雪深度为 2.5 cm;12 月降落 2 场小雪,大、中、暴雪各 1 场,降雪深度累积为 24.7 cm,其降雪量及降雪场次均为降雪期内最高值;1 月降落小、中、大雪各 1 场,降雪深度累积为 11.5 cm。据统计,小雪所占场次数最多,为 4 场次,占总降雪次数的 44.44%;中雪 2 场,大雪 2 场,暴雪 1 场,分别占总降雪次数的 22.22%、22.22% 和 11.11%。

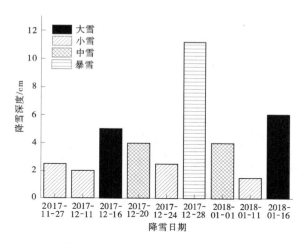

图 3-3　不同降雪强度下降雪深度特征

3.3　积雪深度变化特征

有无遮蔽条件下积雪深度随积雪期降雪逐日变化过程具有相同的变化趋势(见图 3-4),积雪观测期间林冠下积雪平均累积深度、最大积雪深度及最小积雪深度均较开阔地略低,具体表现为:①林冠下积雪平均深度为 22.3 cm,最大积雪深度为 25 cm,出现在强降雪输入期间(2018 年 1 月 1~2 日、2018 年 1 月 16~17 日),最小积雪深度为 19 cm,出现在气温回升期间(2018 年 1 月 12~15 日);②开阔地积雪平均深度为 23.3 cm,最大积雪深度为 26 cm,最小积雪深度为 20 cm,地表积雪累积深度峰值与谷值出现日期均与林冠下保持一致。

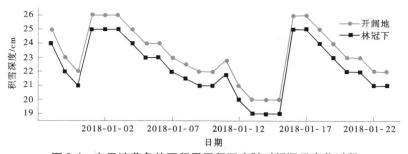

图 3-4　有无遮蔽条件下积雪累积深度随时间逐日变化过程

综上开阔地各类积雪深度指标均较林冠下略高,这表明研究区内榆树林冠下冠层结构对大气降雪具有遮挡拦截作用,从而影响林内外积雪分布状况[114-115]。

选择积雪期内一次降雪过程(降雪时间自 2018 年 1 月 1 日 08:00 开始至 1 月 2 日 07:00 结束)进行观测,此次降雪停止后林冠下与开阔地地表累积降雪深度分别达 25 cm 和 26.3 cm(见图 3-5),并取降雪停止后一周作为连续性观测时段,用以分析林冠下与开阔地分层积雪深度时空变化特征及差异性规律。伴随降雪停止后气温呈逐步下降趋势,

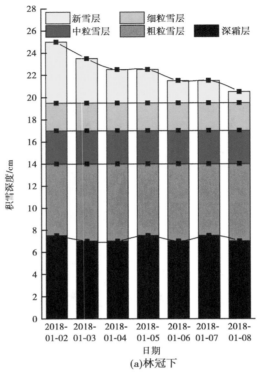

(a)林冠下

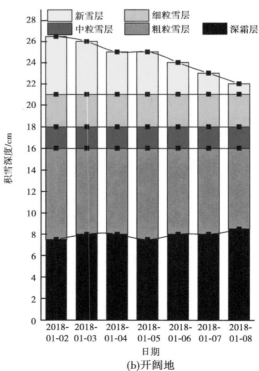

(b)开阔地

图3-5　有无遮蔽条件下积雪期一次降雪后不同雪型深度逐日变化过程

该时段内分层积雪深度变化特征归纳为:①一次降雪过程后新雪层在全层积雪深度变化过程中表现最为明显,呈逐渐减小的变化趋势,并且开阔地沉降速率与幅度均显著大于林冠下。开阔地新雪层沉降速率约为林冠下的 2 倍,分别为 0.71 cm/d 和 0.43 cm/d,开阔地新雪层深度占比由 22.22% 大幅降至 4.54%,降幅为 17.68%。林冠下占比由 17.02% 大幅降至 4.88%,降幅为 12.14%。②有无遮蔽条件下细粒雪层与中粒雪层深度变幅较新雪层略小,基本保持平稳不变状态,开阔地细粒雪层与中粒雪层深度平均占比分别为 12.21% 和 8.14%,林冠下细粒雪层与中粒雪层深度平均占比分别为 11.25% 和 13.50%。③有无遮蔽条件下深霜层与粗粒雪层深度占比均较高且变幅波动不明显。其中,开阔地深霜层与粗粒雪层深度占全层积雪深度比例分别为 32.54% 和 33.01%,而林冠下深霜层与粗粒雪层深度占全层积雪深度比例分别为 32.26% 和 30.39%,开阔地深霜层与粗粒雪层深度占比均略高于林冠下。深霜层很大程度上会受积雪底部草甸微地形与雪深观测人为误差等外界因素影响,从而致使底部积雪深度稍有变化。

基于上述观测结果,究其原因可能为,原地表累积降雪受新降雪输入降落至积雪表面,该层为物理特性较为松散的新雪层,且雪粒间具有较大空隙。初始新雪层因其未受到过强积雪沉降作用及外界气象要素等干扰,其密度取决于冰晶类型与结晶量,数值变化范围为 $4 \sim 100 \ kg/m^3$ [53]。随时间推移,积雪沉降作用加强,并受试验样地积雪期内气象要素波动变化影响,此时新雪层逐渐出现雪粒间黏结状态,并随时间推移受积雪自身压力与沉降作用逐渐发生密实化过程[64,114],致使该层深度呈逐渐下降趋势。

3.4　积雪温度变化特征

雪层温度对外界环境具有一定程度反馈机制,可通过外界雪–气界面间各类气象要素(如太阳辐射、潜热与感热通量及大气温度等)与地表热通量等相关要素进行能量与水热交换过程[36,65],同时外界气象条件也在一定程度上受制于积雪累积过程中由内部能量迁移所导致的雪层温度的变化[79],本书研究将有无遮蔽条件下每日分层雪温加以平均,得到积雪期内林冠下与开阔地雪层均温逐日变化过程(见图 3-6)。

从图 3-6 中可以看出:①林冠下雪层均温(-8.69 ℃)略高于开阔地(-9.70 ℃),二者雪层均温呈现较好的线性关系($T_{林冠下} = 1.237 \ 2T_{开阔地} + 1.047 \ 9, R^2 = 0.816 \ 3$);②林冠下与开阔地雪层均温逐日变化与气温变化基本保持一致趋势,当气温高于-15 ℃时,林冠下与开阔地雪层均温几乎无差异,当气温低于-15 ℃后,林冠下雪层均温(-9.4 ℃)略高于开阔地(-10.7 ℃)。究其原因,可能为积雪观测后期日照时间较短、气温逐步下降,且以多云阴雪天气为主,积雪因其自身物理性质(高反射率、低导热率)会削弱开阔地积雪接收有效的太阳辐射量,故导致开阔地积雪升温幅度较为延缓,尽管植被冠层结构可对太阳辐射进行反射与吸收,进而在一定程度上影响短波辐射到达其雪面,但植被冠层具有保温蓄热作用,致使林冠下形成独特的微气象条件,主要受到雪–气界面间感热与潜热间能量交换及大气长波辐射等外界因素影响,故导致林冠下雪层均温略大于开阔地[52]。

观测期内积雪伴随气温波动变化而发生蒸发及凝结等冻融交替的过程中,积雪内部温度发生较为复杂的水汽迁移过程,这反映了积雪演变过程中的水热交换与能量物质交

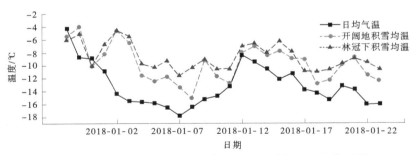

图 3-6　有无遮蔽条件下积雪期气温及积雪均温逐日变化过程

换[35,79]。林冠下与开阔地分层雪温垂直剖面温度变化如图 3-7 所示,林冠下分层雪温自新雪层至深霜层呈均匀上升趋势;而开阔地分层雪温由新雪层至中粒雪层呈小幅度下降趋势,从中粒雪层开始至深霜层呈陡然上升趋势。有无遮蔽条件下(林冠下、开阔地)分层雪温变化差异规律体现为:①林冠下新雪层温度(−10.5 ℃)明显低于开阔地(−8.9 ℃);②开阔地细粒雪层雪温(−9.3 ℃)低于林冠下(−8.8 ℃),二者发生首次交错(见图 3-7),主要由于开阔地积雪上层能量随水汽迁移至细粒雪层处遇冷发生相变热力过程,致使该雪层处积雪颗粒转化为冰晶状态的过程中并伴随部分能量散失[23],故雪温逐渐降低;③中粒雪层为开阔地雪温由高变低的临界层,达全层雪温最低值,为−9.6 ℃,而林冠下雪温则稳定无相变发生,在接收上层积雪热量传递后雪温持续上升;④开阔地粗粒雪层雪温由−9.6 ℃升至−6.5 ℃,升幅达全雪层最大,接近林冠下雪温(−6.2 ℃);⑤二者达深霜层时雪温再次交错,受地热通量及上覆积雪保温作用均达到雪温峰值,开阔地雪温(−4.5 ℃)略高于林冠下雪温(−4.8 ℃)。

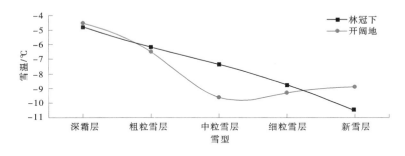

图 3-7　有无遮蔽条件下积雪期雪层温度垂直廓线变化过程

3.5　积雪密度变化特征

参考日本冰雪学专家黑岩大助对积雪密度分类标准的研究成果[115],对该试验区所获取的积雪密度数值进行数据整理统计发现,积雪期内各层积雪密度数值变化为 0.050 0~0.260 0 g/cm³,属于低密度积雪。有无遮蔽条件下一次降雪过程后分层积雪密度垂直廓线呈"单峰型"变化特征(见图 3-8),具体表现为:①有无遮蔽条件下各层积雪密度均随观测期气温波动下降呈逐渐减小趋势,林冠下各层积雪密度均值(0.151 6 g/cm³)略低于开

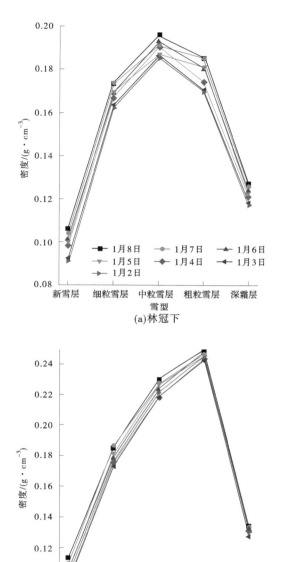

(a)林冠下

(b)开阔地

图 3-8　有无遮蔽条件下积雪期一次降雪过程后雪层密度垂直廓线变化过程

阔地(0.177 2 g/cm³);②林冠下积雪密度呈上部与底部较小、中部较大的"单峰型"变化
趋势,具体表现为以中粒雪层为界限,上下部积雪密度呈对称均匀速率变化趋势,即自新
雪层至中粒雪层呈匀速上升趋势,中粒雪层至深霜层呈匀速下降趋势,雪层密度峰值位于
中粒雪层处(0.189 9 g/cm³),谷值位于新雪层处(0.101 9 g/cm³);③开阔地积雪密度自
新雪层至粗粒雪层均匀增加,随后急剧下降至深霜层(0.131 8 g/cm³),雪层密度峰值位

于粗粒雪层处（0.246 3 g/cm³），谷值位于新雪层处（0.108 9 g/cm³）。

基于上述观测结果，分析原因可能为，中部积雪由于受上部积雪密实化、雪粒间水热迁移等能量交换过程的影响，从而形成积雪密度的峰值集中雪层[55]，林冠下由于植被冠层具有拦截降雪、遮蔽及保温等作用，可进一步削弱积雪降落速率，导致林冠下积雪物理性质发生变化（如孔隙率变大、雪粒间黏结力减弱、雪层较为疏松），因此林冠下积雪密度较开阔地相比略低，这与陆恒[55]和高培[116]等的研究结果基本一致。

如图 3-9 所示为有无遮蔽条件下积雪期积雪平均密度逐日变化情况，整个积雪期，开阔地积雪密度变化范围为 0.081 1~0.246 4 g/cm³，林冠下积雪密度变化范围为 0.063 3~0.213 0 g/cm³。可以看出，开阔地积雪平均密度略大于林冠下积雪平均密度，观测期内积雪密度变化均随气温下降呈逐渐减小趋势，具体表现为下降—平稳—短暂上升—下降的波动过程：①当气温均值为-7.79 ℃时（2017 年 12 月 29 日至 2018 年 1 月 1 日），在此阶段开阔地与林冠下积雪平均密度分别每日以 0.021 7 g/cm³ 和 0.015 6 g/cm³ 的速率呈下降趋势，积雪平均密度分别为 0.213 1 g/cm³ 和 0.184 4 g/cm³；②当气温均值为-15.20 ℃时（2018 年 1 月 2~11 日），在此阶段开阔地与林冠下积雪平均密度呈平稳趋势，由于气温较低导致平均密度偏低，分别为 0.150 6 g/cm³ 和 0.125 8 g/cm³；③当气温逐渐上升，均值达-9.06 ℃时（2018 年 1 月 12~14 日），在此阶段开阔地与林冠下积雪平均密度均处于较高阶段，分别为 0.184 6 g/cm³ 和 0.144 9 g/cm³；④当气温逐渐下降至均值为-13.56 ℃时（2018 年 1 月 15~23 日），在此阶段开阔地与林冠下积雪平均密度分别以每日 0.009 6 g/cm³ 和 0.006 4 g/cm³ 的速率呈下降趋势，积雪平均密度分别为 0.110 8 g/cm³ 和 0.092 0 g/cm³。

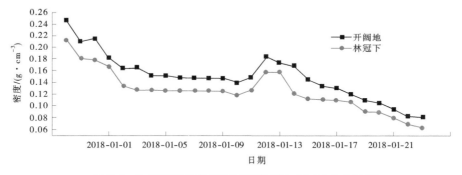

图 3-9　有无遮蔽条件下积雪期积雪密度逐日变化过程

3.6　积雪含水率与雪水当量变化特征

3.6.1　积雪含水率变化特征

积雪液态含水率一定程度上会直接支配积雪层内物质与能量迁移[116]。由于试验观测期内积雪由数次非连续性降雪构成，雪内形成明显层状结构，同时伴随气温大幅波动上升与下降,致使分层积雪密度、雪层持水能力、粒径及孔隙率等均存有明显差异[8]。积雪稳定期内雪层液态含水率垂直廓线变化趋势见图 3-10。具体变化特征表现为:①林冠下与开阔地全层液态含水率随积雪稳定期气温逐步降低均呈减小趋势,平均值分别维持在 0.536% 和 0.637%;②林冠下雪层液态含水率自表层至下部呈均匀上升趋势,最大值与最小值分别出现在深霜层和新雪层,为 0.787% 和 0.215%;③开阔地雪层液态含水率随积雪深度变化呈"单峰型",雪层含水率自新雪层至下部雪层匀速增加,至粗粒雪层(0.950%)达到峰值,后至深霜层含水率大幅度减小降至 0.498%。究其原因可能为,开阔地因其不受植被冠层对太阳辐射的遮蔽与吸收作用,新雪层可通过雪-气界面接收更多短波辐射量,同时经长期积雪压实变质作用,出现雪花向粒雪与冰晶转化的形态变化,进而发生水汽迁移及能量交换过程致使积雪颗粒间接触角度、晶体形状及表面间张力等形态变化,均对积雪含水饱和度产生一定程度促进作用,使得积雪期开阔地含水率最大值出现在粗雪粒层[55]。由于林冠下微气象条件较开阔地更稳定,其太阳辐射量及大气温度均小于开阔地,进而致使林冠下新雪层融化量及雪深均小于开阔地,同时林冠下深霜层主要受到上部雪层水汽迁移的影响,因此液态含水率在此层达峰值。林冠下深霜层含水率略大于开阔地,这可能是由于林冠下表层土温略大于开阔地所致。

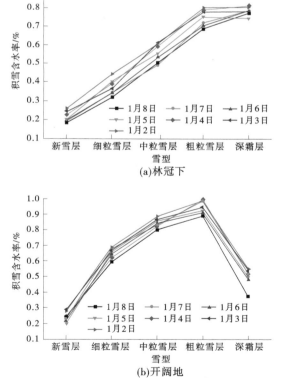

图 3-10　有无遮蔽条件下积雪期一次降雪过程后雪层含水率垂直廓线变化过程

积雪期有无遮蔽条件下积雪平均含水率逐日变化情况如图 3-11 所示,开阔地积雪含水率变化范围为 0.488%～0.979%，林冠下积雪含水率变化范围为 0.446%～0.803%。可以看出，开阔地积雪平均含水率略大于林冠下，观测期内积雪含水率变化均随气温下降呈波动减小趋势，具体表现为平稳—下降—短暂上升—下降的波动过程：①当气温均值为−7.79 ℃时（2017 年 12 月 29 日至 2018 年 1 月 1 日），在此阶段开阔地与林冠下积雪平均含水率呈平稳趋势，由于气温较高导致平均含水率偏高，分别为 0.979% 和 0.738%；②当气温均值为−15.57 ℃时（2018 年 1 月 2～9 日），在此阶段开阔地与林冠下积雪平均含水率分别每日以 0.017% 和 0.024% 的速率呈下降趋势，均值分别为 0.645% 和 0.838%；③当气温均值为−10.91 ℃时（2018 年 1 月 10～14 日），在此阶段开阔地与林冠下积雪平均含水率分别每日以 0.006% 和 0.023% 的速率呈短暂上升趋势，均值分别为 0.904% 和 0.769%；④当气温逐渐下降，均值达−13.56 ℃时（2018 年 1 月 15～23 日），在此阶段开阔地与林冠下积雪平均含水率分别每日以 0.033% 和 0.021% 的速率呈下降趋势，均值处于较低阶段，分别为 0.573% 和 0.500%。综上可以看出，无论是积雪平均含水率变化速率还是观测期内积雪平均含水率，开阔地均略大于林冠下。

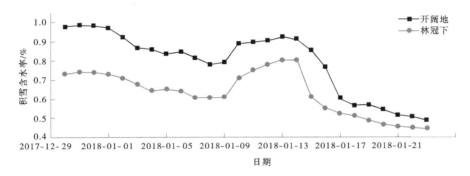

图 3-11　观测期有无遮蔽条件下积雪含水率逐日变化过程

3.6.2　雪水当量变化特征

有无遮蔽条件下（林冠下、开阔地）观测期积雪雪水当量根据式（3-1）计算并绘制雪水当量变化过程线（见图 3-12）。

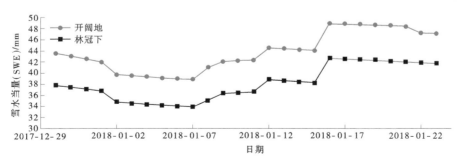

图 3-12　观测期有无遮蔽条件下雪水当量逐日变化过程

由图 3-12 可知：①林冠下与开阔地雪水当量变化趋势基本一致，开阔地雪水当量值明显大于林冠下；②观测初期（2017 年 12 月 29 日至 2018 年 1 月 1 日），林冠下与开阔地积雪雪水当量呈减少趋势(林冠下由 37.82 mm 减少至 36.79 mm,减少速率为 0.26 mm/d,开阔地由 43.60 mm 减少至 42.03 mm,减少速率为 0.39 mm/d);③观测中期(2018 年 1 月 2~7 日),由于期间气温明显下降(林冠下由 -14.36 ℃ 降至 -17.83 ℃,开阔地由 -13.84 ℃ 降至 -16.97 ℃)且期间无降雪输入,雪面蒸发较小,林冠下与开阔地积雪雪水当量变化不大,呈微弱减少趋势,减少量均在 1 mm 内;④2018 年 1 月 8~15 日,林冠下与开阔地雪水当量随气温变幅(林冠下减少 4 ℃,开阔地减少 4.33 ℃)呈波动增加趋势,主要表现为降雪与气温回升期间,雪水当量呈递增趋势,而无雪期期间雪水当量呈递减趋势;⑤2018 年 1 月 16 日一场暴雪输入,导致 1 月 16 日后积雪雪水当量明显增加,且开阔地积雪雪水当量增长量大于林冠下,分别为 4.89 mm 与 4.48 mm;⑥2018 年 1 月 23 日观测期结束时,林冠下与开阔地积雪雪水当量分别为 41.69 mm 和 47.09 mm。观测阶段雪水当量与积雪深度、积雪密度变化趋势保持一致,且林冠下积雪雪水当量明显小于开阔地,究其原因,主要体现在两方面:①试验样地气温与雪面蒸发量呈正相关性,开阔地气温略高于林冠下,雪面蒸发量也高于林冠下;②林冠下较开阔地郁闭度较大,阻隔积雪对太阳辐射的吸收及能量传递,使得开阔地雪面蒸发量高于林冠下。

3.7　气温与积雪含水率、积雪密度间的相关关系

根据试验结果统计出有无遮蔽条件下各层积雪物理特性的相关特征值(见表 3-4 和表 3-5)并结合图 3-5 可以看出,积雪期内一次降雪停止后新雪层深度随时间变化逐渐呈小幅减小趋势,由于积雪稳定期气温整体较低,且太阳辐射较弱,积雪主要依靠自身重力发生密实化作用,该时期积雪密实化作用是一种缓慢的过程[116]。在大陆性气候条件下,我国西北地区季节性积雪呈厚度较浅、气温偏低等特征[55,117-118],该区域气候有利于积雪深霜层的发育,伴随积雪稳定期气温逐步下降,地温影响及温度梯度同时作用下致使雪层内变质与再结晶作用加剧[118],进而在雪层底部形成粒径较大、孔隙率较高且较为疏松的深霜层,因此雪层剖面底部密度较小,由于在变质时间、冰晶类型与结晶量共同制约的条件下,由新降雪输入构成的新雪层密度一般要小于深霜层。在野外观测试验数据获取过程中发现,新雪层液态含水率较小,且出现 0% 的频率较高,国际冰雪分类委员会按照液态含水率不同将积雪划分为干雪(0%)、潮雪(0~3%)、湿雪(3%~8%)、很湿雪(8%~15%)和雪粥(>15%)[53,95],因此该研究区稳定期新雪层属于干雪。究其原因可能为,新雪层主要由冰与空气构成[116],其含水率主要取决于冰晶类型与结晶量[53]。

积雪液态含水率与密度作为积雪物理特性的重要影响因子,伴随积融雪期内气温波动变化,主要受雪层内对流、冷凝、辐射传导引起的热量交换的影响[79]。积雪期有无遮蔽条件下积雪密度随气温下降均呈一元线性回归减小趋势(见图 3-13),雪密度作为影响雪层内部稳定性和热量传输的关键积雪特性要素[47],孔隙率大小直接反映了积雪致密程度,同时会影响积雪内热量交换以及水分的传输[119],积雪期内气温整体偏低,雪层间自由水较少且结构较为松散,故孔隙率较大,导致积雪密度偏低,在此阶段林冠下积雪密度随气温逐渐降低更符合一元线性回归趋势变化($R^2_{林冠下}$ = 0.832 7 > $R^2_{开阔地}$ = 0.802 6)。

表 3-4 积雪期内林冠下分层积雪物理特性特征值

监测雪层	积雪深度/cm	积雪密度/(g·cm⁻³)	积雪含水率/%
新雪层	2.710 0	0.099 1	0.215 0
细粒雪层	2.500 0	0.168 4	0.337 0
中粒雪层	3.140 0	0.189 9	0.541 0
粗粒雪层	6.790 0	0.178 1	0.552 0
深霜层	7.210 0	0.122 4	0.677 0

表 3-5 积雪期内开阔地分层积雪物理特性特征值

监测雪层	积雪深度/cm	积雪密度/(g·cm⁻³)	积雪含水率/%
新雪层	3.570 0	0.104 8	0.243 0
细粒雪层	3.170 0	0.179 5	0.650 0
中粒雪层	2.150 0	0.223 8	0.845 0
粗粒雪层	8.070 0	0.246 3	0.950 0
深霜层	7.930 0	0.131 8	0.498 0

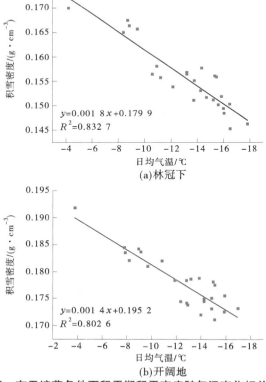

(a)林冠下

(b)开阔地

图 3-13 有无遮蔽条件下积雪期积雪密度随气温变化相关关系图

积雪期有无遮蔽条件下积雪含水率随气温下降均呈一元线性回归减小趋势（见图 3-14），林冠下由于植被冠层对外界气象环境因素（如太阳辐射、云量、降水及风速等）具有一定程度的遮蔽与截留作用，因此林冠下所形成独特的微气象条件较开阔地更稳定，受外界干扰影响偏小，林冠下积雪含水率随气温的下降更符合一元线性回归趋势变化（$R^2_{林冠下}=0.910\,0>R^2_{开阔地}=0.838\,0$），故气温对林冠下雪层含水率的影响更显著。通过对比发现，气温对雪层含水率的影响略大于雪层密度。

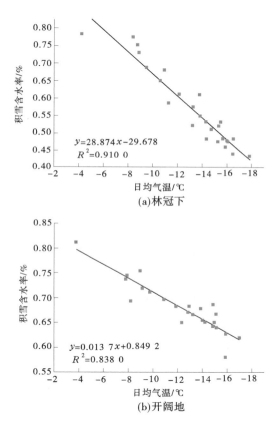

图 3-14　有无遮蔽条件下积雪期积雪含水率随气温变化相关关系图

积雪期内日均气温较低，此时段积雪主要由冰和空气组成[64]，因此雪层含水率也呈较低变化趋势，各项温度指标是影响积雪含水率变化的主导因素，雪层含水率是控制雪温变幅的重要表现因素，雪层含水率与雪温二者间具有一定的互馈机制，并在一定程度上呈现出显著正相关关系[118]。通过对林冠下与开阔地雪层含水率与各温度指标及部分积雪物理特性指标进行 Pearson 相关分析（见表 3-6）发现：①有无遮蔽条件下雪层液态含水率均与积雪表面温度相关性最高，均通过 0.01 显著性水平检验（$R_{林冠下}=0.939^{**}$，$R_{开阔地}=0.815^{**}$）；②林冠下积雪含水率与相对湿度存在显著负相关（$R_{林冠下}=-0.171^{*}$），与积雪深度及积雪密度无显著相关性，而开阔地积雪含水率与积雪密度、相对湿度、积雪深度均无显著相关性,且相关系数依次呈减小变化趋势。这与高培等[116]的研究结果基本一致。

表3-6 积雪含水率的 Pearson 相关系数

位置	雪表温度	日均气温	积雪密度	相对湿度	积雪深度
林冠下	0.939**	0.913**	0.876	−0.171*	0.059
开阔地	0.815**	0.788**	0.706	0.362	0.123

注:** 表示在0.01水平(双侧)上显著相关,* 表示在0.05水平(双侧)上显著相关。

3.8 小 结

本章利用积雪期试验数据,通过对影响积雪过程的逐项分层积雪物理要素(如积雪含水率、雪深、密度、雪层温度等)进行连续观测分析,结合试验区同步长系列气象资料,揭示以上驱动因子在积雪期内时空动态变化特征,分别解析气温、积雪密度及积雪含水率之间的相关关系。研究主要得出以下结论:

(1)有无遮蔽条件下(林冠下、开阔地)的样地常规气象因子(气温、空气湿度)变化趋势基本一致,均呈大幅波动下降趋势。由于林冠下微气象条件较为稳定,开阔地的平均气温(−12.40 ℃)略高于林冠下(−13.16 ℃),而开阔地平均相对湿度(68%)则低于林冠下(84%)。

(2)林冠条件下因其植被冠层对降雪截留能力较为显著,致使林冠下降雪累积深度略低于开阔地,新雪层厚度随时间变化逐渐呈小幅减小趋势,其余各雪层厚度均基本保持不变,其中深霜层与粗粒雪层深度比例均较大。

(3)林冠下与开阔地雪层均温呈现较好的线性关系,且雪层均温变化趋势与气温基本一致。林冠下分层雪温自新雪层至深霜层呈均匀上升趋势;而开阔地分层雪温由新雪层至中粒雪层呈小幅度下降趋势,从中粒雪层开始至深霜层呈陡然上升趋势。

(4)一次降雪停止后,有无遮蔽条件下积雪密度随气温降低均呈递减趋势,林冠下积雪密度略低于开阔地。分层积雪密度垂直廓线变化特征基本一致,均表现为中间较大,表层与底层较小的"单峰型"变化趋势,林冠下与开阔地峰值分别位于中粒雪层与粗粒雪层处。

(5)林冠下与开阔地全层液态含水率随积雪稳定期气温逐步降低均呈减小趋势,林冠下雪层液态含水率自表层至下部呈均匀上升趋势,最大值与最小值分别出现在深霜层和新雪层,开阔地雪层液态含水率随积雪深度变化呈"单峰型",雪层含水率自新雪层至下部雪层匀速增加,至粗粒雪层达到峰值。林冠下与开阔地雪水当量变化趋势基本一致,后者雪水当量值明显大于前者。

（6）林冠下与开阔地积雪密度随气温逐渐降低均符合一元线性回归趋势变化（$R^2_{林冠下}=0.832\ 7>R^2_{开阔地}=0.802\ 6$），积雪含水率随气温逐渐降低均符合一元线性回归趋势变化（$R^2_{林冠下}=0.910\ 0>R^2_{开阔地}=0.838\ 0$），气温对积雪含水率的影响略大于雪层密度。

第4章 有无遮蔽条件下融雪期分层 积雪物理特性研究

4.1 有无遮蔽条件下的积雪消融过程

榆树作为研究区主要树种,对该区域大气及降水起到调节和分配作用[67],林冠下独特的微气象条件使融雪期积雪更有利于积雪的累积储存,在同期观测积雪消融试验过程中得到了验证(见图4-1、图4-2)。2018年2月20日最后一次强降雪输入后,开阔地与林冠下累积积雪深度分别达到26.5 cm和23.3 cm。

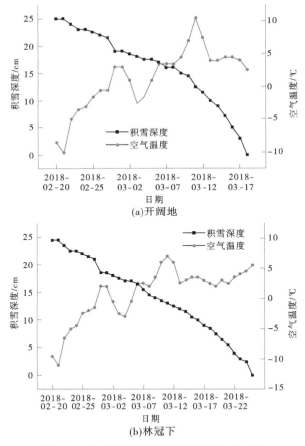

(a)开阔地

(b)林冠下

图4-1 有无遮蔽条件下雪融曲线变化过程

有无遮蔽条件下积雪消融过程存在较大差异,开阔地与林冠下积雪消融结束时间分别为2018年3月18日和2018年3月25日,若消融期以2月20日起计算,其消融期分别

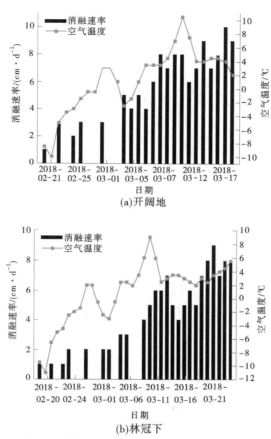

图 4-2　有无遮蔽条件下积雪消融日均速率与空气温度的关系

维持了 27 d 和 34 d,即开阔地积雪比林冠下积雪提前一周融化。整个融雪期内开阔地与林冠下日平均积雪消融速率分别为 0.96 cm/d 和 0.68 cm/d,对比有无遮蔽条件下的积雪消融过程,可以看出:①当日均气温持续低于 0 ℃期间(2018 年 2 月 20~27 日),该时段积雪消融速率为 $v_{开阔地}$(0.44 cm/d)$>v_{林冠下}$(0.29 cm/d);②2018 年 2 月 28 日日均气温首次突破 0 ℃,开阔地与林冠下日均气温分别达到 3.4 ℃和 2.7 ℃;在随后的观测期内(2018 年 3 月 2~5 日),气温缓慢降至 0 ℃以下,到 3 月 6 日再次突破 0 ℃,开阔地与林冠下分别达到 3.6 ℃和 2.3 ℃,这两个时段内气温相对偏低,雪融曲线走势较为平缓,且变化均匀,融雪速率分别为 0.41 cm/d 和 0.38 cm/d;③当日均气温持续高于 0 ℃期间(2018 年 3 月 7~25 日),该时段内雪融曲线降幅明显,雪融厚度明显增加,其中开阔地与林冠下消融过程分别于 3 月 18 日和 3 月 25 日结束,开阔地日均气温(4.6 ℃)略高于林冠下(3.5 ℃),导致该时段开阔地日均积雪消融速率(1.63 cm/d)也大于林冠下(0.93 cm/d)。由于林冠下植被遮蔽作用致使微气象条件较开阔地更稳定,是造成开阔地积雪较林冠下积雪消融提前结束的主要原因。国内外大量研究表明,空气温度与净辐射是引起积雪消融的重要热源[7-10,33-35]。上述研究结果可以发现,以空气温度 0 ℃为界限,无论是否超过该界限,有无遮蔽条件下空气温度差异不大,但二者积雪消融速率差异较为明显,说明积雪消融速率对辐射较为敏感,由于开阔地积雪表面接收的辐射量远高于林冠下[73,77],因而开阔地积雪消融速率大于林冠下。

4.2　积雪深度变化特征

对本次试验观测周期内融雪期取一次典型降雪过程(降雪时间自 2018 年 2 月 20 日约 12:00 至次日约 10:00 停止),分析融雪期该次降雪停止后一周内有无遮蔽条件下的分层积雪深度变化特征(见图 4-3)。

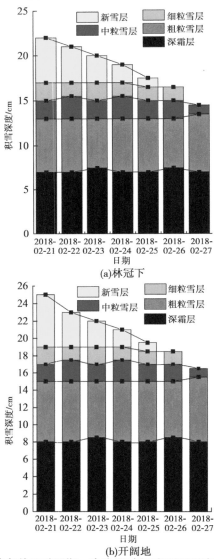

图 4-3　有无遮蔽条件下融雪期一次降雪过程后不同雪型深度逐日变化过程

　　融雪期内各雪层沉降速率与深度变幅较积雪期更为显著,主要体现在中粒雪层以上,积雪消融深度变化波动幅度较大。2018 年 2 月 21 日降雪停止后,有无遮蔽条件下(林冠下与开阔地)地表积雪累积深度分别为 22 cm 和 25 cm,气温随时间变化呈大幅波动上升趋势,该时段内分层雪深变化特征为:①降雪停止后有无遮蔽条件下次日新雪层深度与沉降速率分别为 4 cm 与 1 cm/d,此后一周内开阔地新雪层沉降速率及深度降幅均略大于林冠下,沉降速率分别为 0.8 cm/d 和 1 cm/d,开阔地新雪层深度占比由 24.10%大幅降至 0,降幅为 24.10%,林冠下新雪层深度占比由 22.73%大幅降至 0,降幅为 22.73%;②细粒雪层与新雪层沉降波动趋势相比较表现为平缓,有无遮蔽条件下细粒雪层深度占比降幅变化差异较小,伴随融雪期内气温逐渐升高,观测期最后一日(2018 年 2 月 27 日)新雪层与细粒雪层完全消融,且与下部积雪合并为中粒雪层,导致细粒雪层深度占比减小幅度略低于上层积雪,林冠下占比由 9.09%降至 0,而开阔地占比由 8%降至 0;③粗粒雪层呈小幅增加趋势,林冠下深度占比由 27.27%上升至 44.83%,而开阔地深度占比由 28%上升至 45.45%;④有无遮蔽条件下深霜层深度变化幅度差异较小,深度变化随底部草甸微地形呈小幅波动增加趋势,平均占比由 32%上升至 48.40%。

4.3　积雪温度变化特征

　　本研究将有无遮蔽条件下每日分层雪温加以平均,得到融雪期内林冠下与开阔地雪层均温逐日变化过程(见图 4-4)。从图 4-4 中可以看出:①开阔地雪层均温(0.69 ℃)明显高于林冠下(0.26 ℃),二者雪层均温呈现较好线性关系($T_{林冠下}$ = 1.067 1,$T_{开阔地}$ = 0.921 6,R^2 = 0.924 4),且雪层均温随气温波动上升均以 0.2 ℃/d 的速率呈小幅上升的稳定变化趋势,开阔地逐日雪层均温明显高于林冠下,分别为 0.3 ℃和-0.6 ℃;②当林冠下气温高于 3.5 ℃时(自 3 月 9 日以后),雪层均温均大于 0 ℃,此阶段逐日雪层均温为 1.2 ℃,较上阶段增长了 3 ℃;当开阔地气温高于-1.5 ℃时(自 3 月 4 日以后),雪层均温均大于 0 ℃,此阶段逐日雪层均温为 1.4 ℃,较上阶段增长了 2.6 ℃。究其原因可能为积雪消融期内,林冠下冠层遮挡作用致使到达雪面短波辐射大幅减少,同时降低了林冠下近地表风速及大气温湿度,削弱了潜热与感热间的能量交换[70],从而影响了林冠下雪-气界面的热量交换。

　　融雪期林冠下与开阔地分层雪温垂直剖面温度变化如图 4-5 所示,有无遮蔽条件下(林冠下、开阔地)分层雪温变化差异规律体现为:①开阔地各层雪温(0.1~0.9 ℃)明显均高于林冠下(-0.7~-2 ℃);②林冠下雪温自深霜层至新雪层呈逐步下降趋势,且雪温均处于 0 ℃以下,开阔地雪温自深霜层至新雪层呈逐步上升趋势,且雪温均处于 0 ℃以上;③林冠下深霜层雪温为峰值,新雪层雪温为最小值,究其原因可能为林冠下冠层遮挡作用使到达雪表的短波辐射大幅减弱,故上部积雪即新雪层处雪温呈较低状态,而深霜层处积雪受地热通量及上覆积雪保护作用达到雪温峰值;④开阔地细粒雪雪层雪温为峰值,深霜层为最小值,究其原因可能为开阔地雪表可接收更多短波辐射,因此上部积雪温度高于下部。

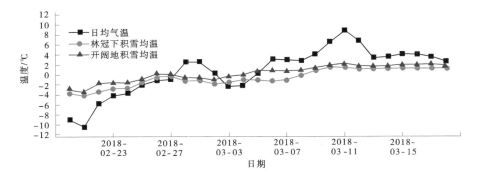

图 4-4   有无遮蔽条件下融雪期气温及积雪均温变化过程

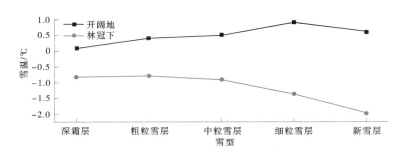

图 4-5   有无遮蔽条件下融雪期分层雪温垂直剖面温度变化过程

4.4   积雪密度变化特征

有无遮蔽条件下融雪期积雪密度垂直廓线变化趋势基本一致,均表现为雪层中间密度较大、表层与底层密度较小的特征(见图 4-6),融雪期雪层密度高于积雪稳定期雪层密度,融雪期分层积雪密度变化特征为:①开阔地与林冠下全层积雪密度随融雪期气温波动上升呈增加趋势,平均值分别为 0.267 7 g/cm^3 和 0.271 2 g/cm^3;②林冠下与开阔地分层积雪密度垂直廓线变化特征基本一致,雪层密度从新雪层向下逐渐增大,至中粒雪层(0.340 6 g/cm^3,林冠下)与细粒雪层(0.322 4 g/cm^3,开阔地)达峰值。究其原因可能为,融雪期积雪密度变化过程中,融雪水起主导作用,同时与雪层内对流、冷凝、辐射和热传导等因素引起的热量交换相互制约[8,79]。而林冠条件下积雪表面残留的枯枝落叶等大量杂质在新雪层融化后逐步出露,该污化条件在一定程度上加速了雪层融化[55],致使林冠下全层积雪密度略大于开阔地,同时中部雪层处形成的冰壳层在一定程度上阻隔了上部积雪水下渗,中层融雪水聚集,使融雪期开阔地与林冠下中部积雪密度达到峰值。

如图 4-7 所示为融雪期有无遮蔽条件下积雪平均密度逐日变化情况,整个融雪期,开阔地积雪密度变化范围为 0.181 1～0.291 1 g/cm^3,林冠下积雪密度变化范围为 0.156 4～0.272 1 g/cm^3。可以看出,开阔地积雪平均密度略大于林冠下,观测期内积雪密度变化

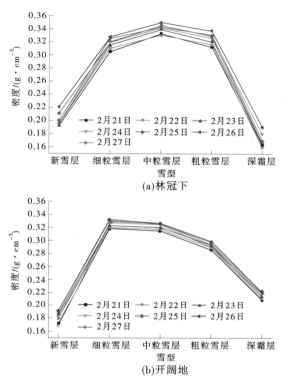

图 4-6　有无遮蔽条件下融雪期一次降雪过程后积雪密度垂直廓线变化过程

均随气温上升呈逐渐增加趋势,具体表现为先平稳波动后大幅上升的过程:①当气温均值为 −2.25 ℃时(2018 年 2 月 20 日至 3 月 6 日),在此阶段气温基本处于 0 ℃以下,林冠下积雪平均密度处于平稳波动趋势,均值为 0.166 9 g/cm³,而开阔地积雪平均密度每日以 0.001 4 g/cm³ 的速率呈小幅上升趋势,均值为 0.190 0 g/cm³;②当气温均值为 3.68 ℃时(2018 年 3 月 7~25 日),在此阶段开阔地与林冠下积雪平均密度每日分别以 0.007 5 g/cm³ 和 0.004 8 g/cm³ 的速率呈上升趋势,均值分别为 0.250 1 g/cm³ 和 0.226 3 g/cm³。综上,无论是积雪平均密度上升速率还是融雪期内积雪平均密度数值,开阔地均略大于林冠下。

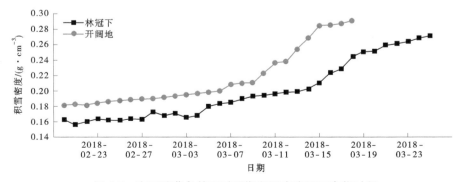

图 4-7　有无遮蔽条件下融雪期积雪密度逐日变化过程

4.5 积雪含水率与雪水当量变化特征

4.5.1 积雪含水率变化特征

融雪期林冠下与开阔地雪层含水率垂直廓线变化趋势基本一致,均随积雪深度变化呈"单峰型",即积雪剖面表层与底部含水率较小,中部较大(见图4-8)。该时段内分层积雪含水率变化特征为:①林冠下与开阔地全层液态含水率随气温逐步上升均呈增加趋势,平均值分别为1.097%和1.157%;②林冠下与开阔地雪层液态含水率峰值均集中在细粒雪层,分别为1.415%和2.110%。此时积雪属于潮雪[116],由冰、空气及自由水分构成[114]。主要原因可能为新雪层接收太阳辐射量较大使融雪水下渗到一定程度,由于外界环境风的作用及内部积雪变质等作用,受阻而沿水平方向缓慢流动形成硬度较大的冰壳层[120-121],大致位于雪层剖面细粒雪层处,在一定程度上阻挡了上部融雪水下渗,同时也阻挡了热量及其他物质向下部传输[116],因此在细粒雪层处含水率达到峰值。

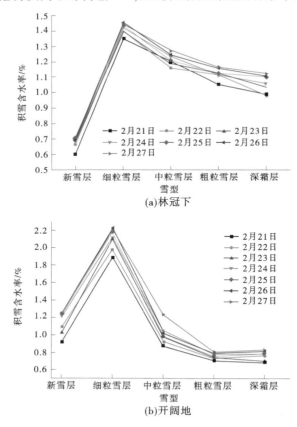

图4-8 有无遮蔽条件下融雪期一次降雪过程后积雪含水率垂直廓线变化过程

如图 4-9 所示为融雪期有无遮蔽条件下积雪平均含水率逐日变化情况,整个融雪期,开阔地积雪含水率变化范围为 1.182%~2.823%,林冠下积雪含水率变化范围为 0.844%~2.446%。可以看出,开阔地积雪平均含水率略大于林冠下,观测期内积雪含水率变化均随气温上升呈逐渐增加趋势,具体表现为先平稳波动后大幅上升的过程:①当气温均值为 -2.85 ℃时(2018 年 2 月 20 日至 2018 年 3 月 4 日),在此阶段内由于气温基本处于 0 ℃以下,积雪融化较为平缓,因此开阔地与林冠下积雪平均含水率涨幅不明显,均处于平稳波动阶段,积雪平均含水率分别为 1.308% 和 1.042%;②当气温均值为 3.98 ℃时(2018 年 3 月 5~25 日),在此阶段内由于每日气温均处于 0 ℃以上,积雪消融速率较快,因此开阔地与林冠下积雪平均含水率涨幅较为明显,分别以每日 0.094% 和 0.047% 的速率呈上升趋势,均值分别为 2.297% 和 2.037%。综上,无论是积雪平均含水率上升速率还是融雪期内积雪平均含水率数值,开阔地均略大于林冠下。

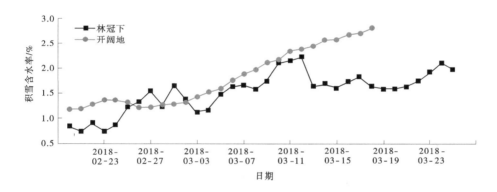

图 4-9　有无遮蔽条件下融雪期积雪含水率逐日变化过程

4.5.2　雪水当量变化特征

有无遮蔽条件下(林冠下、开阔地)融雪期积雪雪水当量变化过程线如图 4-10 所示。由图 4-10 可知,林冠下与开阔地雪水当量变化趋势基本一致,均表现为波动下降趋势,开阔地雪水当量值明显大于林冠下。具体表现为:①融雪前、中期(2018 年 2 月 20 日至 2018 年 3 月 14 日),开阔地与林冠下雪水当量均呈缓慢下降趋势,且前者明显高于后者,(开阔地由 45.48 mm 减少至 25.20 mm,减少速率为 0.96 mm/d;林冠下由 39.86 mm 减少至 23.30 mm,减少速率为 0.75 mm/d);②融雪后期(自 2018 年 3 月 15 日以后),开阔地与林冠下雪水当量呈急剧下降趋势,该阶段前者明显低于后者,下降速率分别为 6.64 mm/d 和 2.22 mm/d。究其原因可能为,开阔地积雪比林冠下提前一周融化,积雪深度减少较为显著,因此在融雪后期,开阔地雪水当量明显低于林冠下。

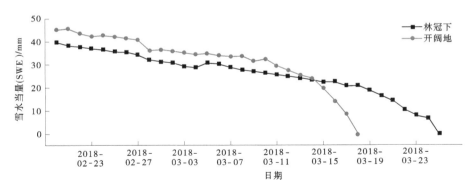

图 4-10　有无遮蔽条件下融雪期雪水当量逐日变化过程

4.6　气温与积雪含水率、积雪密度间的相关关系

根据试验结果统计出有无遮蔽条件下分层积雪物理特性的相关特征值(见表 4-1 和表 4-2)并结合图 4-3,可以看出,融雪期内一次降雪停止后新雪层深度随时间变化逐渐呈大幅明显减小趋势,融雪期雪层深度变化幅度及深霜层深度均大于积雪稳定期,这是由于融雪期内雪面接收太阳辐射量较多,同时由于积雪具有高反射率[79],短波辐射作用深度浅,表层受到较大影响,雪表融化变质,因此深度变化显著。积雪剖面中层与底层由于地温回升及上层融雪水下渗,雪层易于压实,导致积雪底层厚度逐渐减小[122]。新雪层液态含水率数值大多为 0,可能由于冻融作用及昼夜温差较大,且雪-气界面热量交换弱,使新雪层温度远低于外界空气温度,雪内液态水冻结,因此该层液态含水率出现大量的 0[8]。深霜层含水率较大,可能原因为融雪期温度逐渐升高,土壤热传导作用加剧致使积雪底部受热进而影响液态含水率变化[116]。

伴随融雪期内气温呈大幅波动上升趋势,致使雪层中冰、水比例及孔隙率在不断发生变化[123],雪融水逐渐增多并贯穿整个雪层,因此积雪含水率及密度变化较为显著。融雪期有无遮蔽条件下积雪密度随气温上升均呈一元线性回归增加趋势(见图 4-11)。融雪期内气温整体偏高,雪层间自由水含量较高且结构较为紧密,故孔隙率较小,导致积雪密度偏高,在此阶段开阔地积雪密度随气温逐渐上升更符合一元线性回归趋势变化($R^2_{开阔地}=0.907\,2>R^2_{林冠下}=0.897\,3$)。

表 4-1　研究区融雪期内林冠下分层积雪物理特性特征值

监测雪层	积雪深度/cm	积雪密度/(g·cm⁻³)	积雪含水率/%
新雪层	2.140 0	0.202 2	0.677 0
细粒雪层	1.430 0	0.317 8	1.415 0
中粒雪层	2.500 0	0.340 6	1.217 0
粗粒雪层	5.930 0	0.325 0	1.121 0
深霜层	7.140 0	0.170 3	1.055 0

表 4-2　研究区融雪期内开阔地分层积雪物理特性特征值

监测雪层	积雪深度/cm	积雪密度/(g·cm^{-3})	积雪含水率/%
新雪层	2.290 0	0.180 8	1.143 0
细粒雪层	1.430 0	0.325 9	2.099 0
中粒雪层	2.160 0	0.322 4	1.012 0
粗粒雪层	6.930 0	0.292 8	0.761 0
深霜层	8.140 0	0.216 8	0.769 0

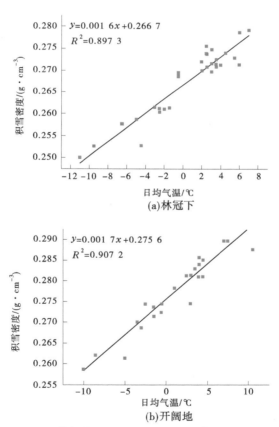

图 4-11　有无遮蔽条件下融雪期积雪密度随气温变化相关关系图

融雪期有无遮蔽条件下积雪含水率随气温上升均呈指数增加趋势变化(见图 4-12),气温与辐射是引起积雪消融的重要热源[7-10,33-35],融雪期内太阳高度角及其辐射逐渐增加,外部环境状况更容易通过雪-气界面以雪融水下渗形式对整个雪层内积雪含水率加以影响,由于开阔地无植被遮蔽作用可接收更多辐射,因此大气温度明显回升对开阔地雪层含水率变化更为显著($R^2_{开阔地}=0.910\ 4>R^2_{林冠下}=0.895\ 1$)。

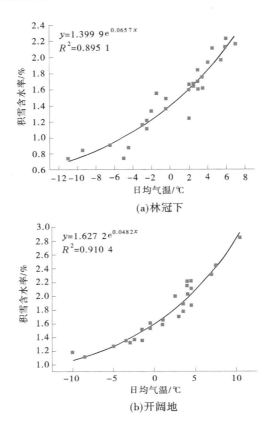

(a)林冠下

(b)开阔地

图 4-12   有无遮蔽条件下融雪期积雪含水率随气温变化相关关系图

通过对林冠下与开阔地融雪期内雪层含水率与各温度指标及部分积雪物理特性指标进行 Pearson 相关分析(见表 4-3)发现,有无遮蔽条件下积雪含水率与日均气温、雪层均温、积雪密度均呈显著相关,其中与日均气温、雪层均温呈 0.01 水平上显著相关,与积雪密度较弱,呈 0.05 水平上显著相关,与日均气温相关性最高($R_{\text{开阔地}} = 0.912^{**}$,$R_{\text{林冠下}} = 0.884^{**}$),而与相对湿度、积雪深度均无显著相关性,在融雪期内开阔地积雪含水率的 Pearson 相关系数均略大于林冠下。

表 4-3   积雪含水率的 Pearson 相关系数

位置	日均气温	雪层均温	积雪密度	相对湿度	积雪深度
开阔地	0.912^{**}	0.810^{**}	0.771^{*}	0.576	0.174
林冠下	0.884^{**}	0.766^{**}	0.812^{*}	0.405	0.248

注:$**$ 表示在 0.01 水平(双侧)上显著相关,$*$ 表示在 0.05 水平(双侧)上显著相关。

4.7　小　结

本章利用融雪期试验数据,通过对影响积雪过程的逐项分层积雪物理要素(如积雪含水率、雪深、密度、雪层温度等)进行连续观测分析,结合试验区同步长系列气象资料,揭示以上驱动因子在融雪期内时空动态变化特征,分别解析气温、积雪密度及积雪含水率之间的相关关系。研究主要得出以下结论:

(1)有无遮蔽条件下积雪消融过程存在较大差异。整个融雪期内,融雪速率随气温升高而增加,开阔地积雪消融速率大于林冠下,开阔地积雪较林冠下积雪平均提前一周融化。有无遮蔽条件下空气温度差异不大,但二者积雪消融速率差异较为明显,积雪消融速率对辐射更为敏感。

(2)林冠下因其植被冠层对降雪截留能力较为显著,因此在融雪前期林冠下积雪深度略低于开阔地。融雪期雪层深度变化幅度大于积雪稳定期,主要体现在上层积雪消融,深度变化较为明显,林冠下新雪层降幅明显小于开阔地。新雪层及细粒雪层厚度随气温及时间变化逐渐消融最终与粗粒雪层合并为一层,其中深霜层与粗粒雪层深度比例均较大。

(3)融雪期内有无遮蔽条件下雪层均温随气温波动上升均以 0.2 ℃/d 的速率呈小幅上升的稳定变化趋势,开阔地逐日雪层均温明显高于林冠下。林冠下雪温自深霜层至新雪层呈逐步下降趋势,且雪温均处于 0 ℃ 以下,开阔地雪温自深霜层至新雪层呈逐步上升趋势,且雪温均处于 0 ℃ 以上。

(4)林冠下与开阔地全层积雪密度随融雪期气温波动上升呈增加趋势,分层积雪密度垂直廓线变化特征基本一致,均表现为雪层中间密度较大、表层与底层密度较小的特征,峰值分别位于中粒雪层与细粒雪层处。

(5)融雪期林冠下与开阔地全层液态含水率随气温逐步上升均呈增加趋势,垂直廓线变化趋势基本一致,均随积雪深度变化呈"单峰型",即积雪剖面表层与底部含水率较小,中部较大,林冠下与开阔地雪层液态含水率峰值均集中在细粒雪层。有无遮蔽条件下雪水当量均表现为波动下降趋势,前中期开阔地明显大于林冠下,后期则相反。

(6)林冠下与开阔地积雪密度随气温逐渐升高均符合一元线性回归趋势变化($R_{开阔地}^2 = 0.907\ 2 > R_{林冠下}^2 = 0.897\ 3$),积雪含水率随气温逐渐上升均符合指数增加趋势变化($R_{开阔地}^2 = 0.910\ 4 > R_{林冠下}^2 = 0.895\ 1$)。

第 5 章　有无遮蔽条件下积雪消融对浅层土壤温湿度的影响

5.1　积雪消融期有无遮蔽条件下土壤温度变化特征

土壤温度作为影响土壤含水率及土壤中水分迁移过程的主导因素[84-86,124]，国内外很多学者试图利用实验室模拟研究，从土壤水热耦合运动理论出发来讨论冻融土壤水热运动规律，但诸如此类的控制性模拟仍存在较多缺陷，相比较而言，开展野外观测试验是一种有效的研究途径[124]。从图 5-1 可以看出，融雪期间，有无遮蔽条件下分层土壤温度随气温逐渐递增呈现出缓慢波动升高趋势，但二者又存在较大差异。开阔地全层土壤温度呈现上升—下降—上升的波动过程[见图 5-1（a）]，其中距地表 40 cm 处土壤温度变化波动较为平稳，距地表 10 cm、20 cm、30 cm 处土壤温度均呈大幅度变化趋势。在融雪前、中期（2018 年 3 月 13 日前）开阔地各层土壤温度均低于 0 ℃，且自地表向下层，各层土壤均温越来越高，即 $T_{40\,cm}$（-0.19 ℃）$>T_{30\,cm}$（-0.57 ℃）$>T_{20\,cm}$（-0.63 ℃）$>T_{10\,cm}$（-0.89 ℃）；在融雪稳定后期（2018 年 3 月 14~18 日），各层土壤温度均大于 0 ℃，各层土壤均温随剖面深度变化，自地表至下部呈逐渐增高趋势，即 $T_{40\,cm}$（0.59 ℃）$>T_{30\,cm}$（0.08 ℃）$>T_{20\,cm}$（0 ℃）$>T_{10\,cm}$（-0.05 ℃）。

与开阔地相比较，林冠下土壤温度变化则相对稳定，整个融雪期内，林冠下全层土壤温度呈现上升—平稳维持的波动过程[见图 5-1（b）]。在融雪初始期间（2018 年 3 月 6 日前），各层土壤温度（除距地表 40 cm 外）均呈大幅度逐步上升趋势，各层土壤温度均低于 0 ℃，自地表至下部，各层土壤均温越来越高，即表现为：$T_{40\,cm}$（-0.23 ℃）$>T_{30\,cm}$（-0.75 ℃）$>T_{20\,cm}$（-0.79 ℃）$>T_{10\,cm}$（-1.32 ℃）；在融雪稳定后期（2018 年 3 月 7~25 日），各层土壤温度趋于稳定且基本低于 0 ℃，基本保持在-0.61~0.031 ℃，且自地表至下部，各层土壤均温越来越高，即表现为：$T_{40\,cm}$（-0.06 ℃）$>T_{30\,cm}$（-0.17 ℃）$>T_{20\,cm}$（-0.23 ℃）$>T_{10\,cm}$（-0.34 ℃）。

开阔地积雪消融期内 40 cm 处土壤温度均基本保持平稳状态，而 10 cm、20 cm 及 30 cm 处土壤层温度波动幅度均较为明显，以上三层土壤温度随时间变化与积雪消融期内气温变化均呈大致相似的波动上升趋势，这说明融雪期内 10 cm、20 cm 及 30 cm 处浅层土壤温度对气温变化的响应更为敏感[85]，伴随土壤深度增加，气温对土壤温度的影响逐渐减弱；就林冠下而言，融雪期内气温变化也可对浅层土壤温度产生一定的互馈作用，但其影响程度较开阔地相比稍有减弱。究其原因，可能为融雪期内林冠下积雪消融速率明显低于开阔地，因此积雪覆盖厚度要较开阔地略高，土壤与大气间热量交换受到积雪覆盖的阻碍，致使土壤最低温度与最大温差均较开阔地相比偏小，且伴随土壤深度增加呈减弱趋势。

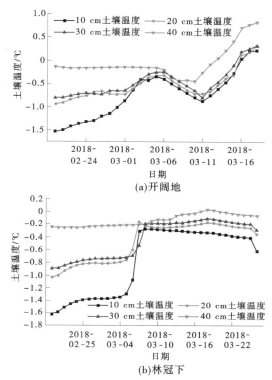

(a)开阔地

(b)林冠下

图 5-1　有无遮蔽条件下融雪期浅层土壤温度随时间变化过程

5.2　积雪消融期有无遮蔽条件下土壤湿度变化特征

雪层下土壤湿度作为表达土壤水分的一种重要指标[124],可以在一定程度上反映融雪水下渗量,与土壤温度、空气温度及植被覆盖等因素紧密相关[46,125]。图 5-2 为融雪期有无遮蔽条件下土壤湿度随时间变化过程,融雪期内开阔地各层土壤湿度整体呈现出波动上升—波动下降—急剧上升—持续稳定的变化趋势[见图 5-2(a)]。融雪初始期(2018年 3 月 4 日前)各层土壤湿度呈小幅度上升趋势,其范围基本维持在 13.5%~17.2%内,且自地表至下部,各层土壤平均湿度越来越大,即表现为:$W_{40\ cm}$(16.35%)>$W_{30\ cm}$(16.06%)>$W_{20\ cm}$(15.81%)>$W_{10\ cm}$(15.44%);融雪中期(2018 年 3 月 5~10 日),该时段内各层土壤湿度值均出现明显降低趋势,各层土壤平均湿度表现:$W_{10\ cm}$(15.48%)>$W_{30\ cm}$(15.04%)>$W_{20\ cm}$(14.79%)>$W_{40\ cm}$(14.48%);根据融雪期气温的变化,在融雪后期(2018 年 3 月 11~18 日),该时段内日均气温(5.19 ℃)呈大幅度上升阶段,积雪含水率逐步增加致使融雪水下渗加剧,且土壤表层全部通融,故各层土壤湿度均呈现大幅度上升趋势,且土壤表层 10 cm 土壤湿度值远高于其他各层,具体表现为:$W_{10\ cm}$(18.36%)>$W_{30\ cm}$(16.87%)>$W_{20\ cm}$(16.52%)>$W_{40\ cm}$(15.91%)。

根据图 5-2(b)可知,整个融雪期内,林冠下各层土壤湿度的变化呈轻微"双峰"形状,具体变化特征表现为波动上升—急剧下降—急剧上升—持续稳定的变化趋势。在融雪初始期

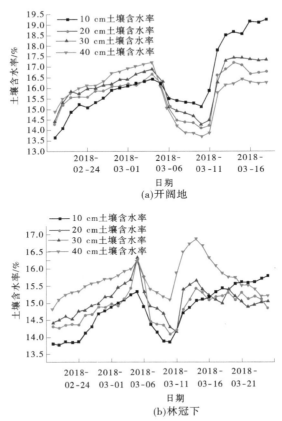

(a)开阔地

(b)林冠下

图 5-2　有无遮蔽条件下融雪期浅层土壤湿度随时间变化过程

内,各层土壤湿度值均较低,随后呈平缓增加趋势,达到第一阶段峰值(2018 年 3 月 5 日),各层土壤湿度首次峰值维持在 15.33%~16.33%,20 cm 与 30 cm 土壤湿度值均达到整个融雪期最大值。该时段内各层土壤平均湿度自地表随深度增加呈增加趋势,具体表现为:$W_{40\ cm}$(15.57%)$>W_{30\ cm}$(15.07%)$>W_{20\ cm}$(14.83%)$>W_{10\ cm}$(14.48%);首次峰值过后,各层土壤湿度呈不同程度的下降趋势,于 2018 年 3 月 10 日前后降至整个融雪期内土壤湿度最低,维持在 13.87%~15.10%,该时段内各层土壤平均湿度具体表现为:$W_{40\ cm}$(15.36%)$>W_{30\ cm}$(14.82%)$>W_{20\ cm}$(14.63%)$>W_{10\ cm}$(14.24%),究其原因可能为,土壤融化初期过程中会吸收大量热量,因此前期土壤含水率及温度会相应上升,但伴随融雪水由浅层土壤垂直下渗到更深层,此阶段含水率逐渐发生减小趋势;自 2018 年 3 月 10 日前后开始,各层土壤湿度均呈现第二次大幅上升趋势(本次上升幅度远大于首次上升幅度),除 10 cm 土壤湿度外各层均于 2018 年 3 月 14 日达第二次峰值,此时仅 40 cm 土壤湿度达到整个融雪期最大值(16.89%),该时段内各层土壤平均湿度具体表现为:$W_{40\ cm}$(16.51%)$>W_{30\ cm}$(15.20%)$>W_{20\ cm}$(14.91%)$>W_{10\ cm}$(14.72%);3 月 15 日以后,10 cm 土壤湿度以每日 0.06%的速率增长至融雪期末,而 40 cm 土壤湿度则以 0.13%的速率下降至融雪期末,20 cm 和 30 cm 土壤湿度均下降至 15%左右后保持稳定变化,该时段内各层土壤平均湿度具体表现为:$W_{40\ cm}$(15.76%)$>W_{10\ cm}$(15.48%)$>W_{20\ cm}$(15.17%)$>W_{30\ cm}$(15.12%)。

5.3　土壤水热相关关系分析

季节性积雪覆盖下土壤冻融过程极其复杂,积融雪期雪被覆盖及融雪水入渗在一定程度上均影响着土壤的水热互作效应,其水热运动及垂直剖面廓线通常呈现出一定的特殊规律[126-128]。土壤中水分保持与运动直接受制于土壤温度变化,二者间具有强烈的互馈作用[124-125]。为此,本书应用线性回归模型,由于有无遮蔽条件下各层土壤剖面温、湿度各有差异,基于前期野外观测数据,分别对有无遮蔽条件下同一深度土壤水热关系进行相关性分析。

从图 5-3 可知,开阔地同一深度土壤水热关系均呈现一定的正相关关系,具体如下:①在融雪初始期,由于气温较低,土壤温、湿度均处于较低状态,进入融雪期后,伴随气温逐步升高,浅层 10 cm 土壤层较深层土壤更易接收较多太阳辐射且更容易受空气温度影响,其温湿度上升速率较明显,此剖面土壤温度与土壤湿度间关系最为密切,相关性系数最高,为 0.851 1;②20 cm 土壤含水率与土壤温度间的相关性系数为 0.480 7,与 10 cm 层处数据相比较为分散,相关性较弱;③30 cm 处土壤温度与土壤含水率数据分布较 20 cm 剖面处而言更为集中,因此相关系数更高,但较 10 cm 剖面处相比略低,具体数值为 0.648 4;④与上述 3 个土壤剖面温湿度相比而言,40 cm 的土壤含水率与土壤温度数据最为分散,

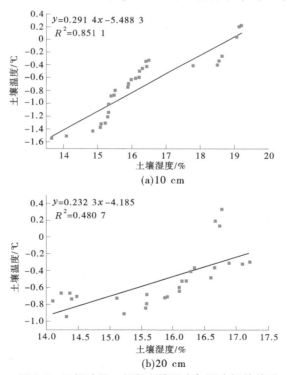

图 5-3　开阔地同一剖面土壤湿度与温度相关关系

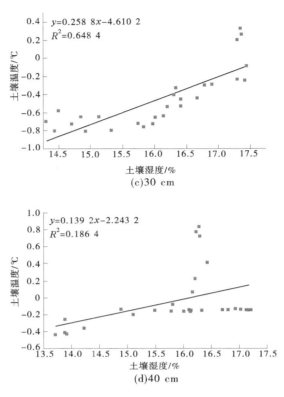

续图 5-3

相关性系数最低,为 0.186 4;⑤该时段内各层土壤水热关系自地表随剖面深度的增加具体表现为:$R^2_{10\text{ cm}}(0.851\ 1)>R^2_{30\text{ cm}}(0.648\ 4)>R^2_{20\text{ cm}}(0.480\ 7)>R^2_{40\text{ cm}}(0.186\ 4)$。

从图 5-4 可知,林冠下同一深度土壤水热关系均呈现一定的正相关关系,具体如下:

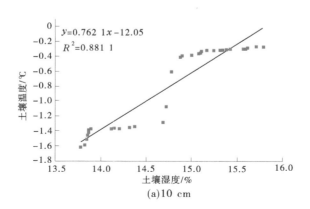

图 5-4　林冠下同一剖面土壤湿度与温度相关关系

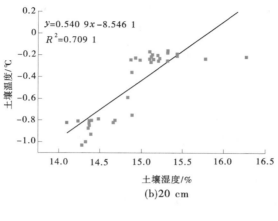

(b)20 cm

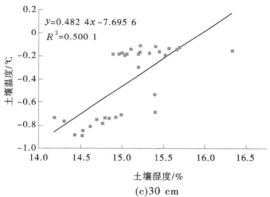

(c)30 cm

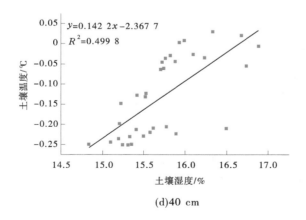

(d)40 cm

续图 5-4

①10 cm 剖面处土壤温度与土壤湿度间相关关系最为密切,数据分布最集中,因此相关性系数最高,具体数值为 0.881 1;②20 cm 剖面处土壤温、湿度数据分布较为集中,且仅次于 10 cm 剖面,其相关性系数较高,具体数值为 0.709 1;③30 cm 剖面处土壤温、湿度数据分布较为分散,与前两层相比相关性较弱,具体数值为 0.500 1;④40 cm 剖面处土壤温、湿度数据分散程度与 30 cm 剖面相接近,二者变化趋势基本相同,因而相关性也更接近,为 0.499 8;⑤该时段内各层土壤水热关系自地表随剖面深度增加呈减弱趋势,具体表现为:$R^2_{10\,cm}(0.881\,1)>R^2_{20\,cm}(0.709\,1)>R^2_{30\,cm}(0.500\,1)>R^2_{40\,cm}(0.499\,8)$。

5.4 有无遮蔽条件下气温与土壤温湿度相关关系

对比图 5-1、图 5-2 可以看出,融雪期气温升高之前(3 月 7 日),积雪逐日消融量及深度变幅较弱,故与融雪前期土壤温、湿度变化之间的互馈作用并不显著,地–气、雪–气及地–雪界面均处于相对稳定的阶段。净辐射作为积雪消融过程中最主要的热量来源之一[33],以空气温度的表现形式作用于土壤、积雪及大气三者界面,地–气间热量交换方式主要以大气向土壤层输送热量为主[126-127],气温是影响各层土壤温湿度变化的直接热源。因此,在 3 月 7 日之后,由于日均气温持续保持在 0 ℃ 以上,加速融雪时间进程,致使积雪覆盖厚度逐渐呈减小趋势,从而进一步削弱影响地–气界面间能量交换的阻力,由于积雪具有低导热特性及持水能力防止土壤的过度降温,从而影响冻土消融过程[85],因此由气温引起的雪深变化对土壤温、湿度的影响不容忽视。综上,融雪过程很大程度上取决于气温的波动变化,从而影响到积雪覆盖厚度变化量,在此期间内积雪消融带来的融雪水下渗至地表是土壤水重要的补给来源之一,因此气温的变化逐渐成为影响浅层土壤水热状况的决定性因素。

为了定量分析气温对土壤温、湿度的影响,选取融雪期气温与同时段各层土壤温、湿度进行相关分析。由表 5-1 可知,有无遮蔽条件下气温与各层土壤温度的相关性基本均达到显著性水平,具体表现为:①开阔地气温与浅层土壤温度均呈显著相关,其中与 10 cm、20 cm、30 cm 剖面处土壤温度的相关性较高,均达到 0.01 显著性水平,相对而言,40 cm 剖面处土壤温度相关性较弱,达到 0.05 显著性水平,且相关性系数自地表由上至下依次呈减小趋势,这可能由于积雪及上覆浅层土壤的存在阻碍了更深层土壤与大气间的热量交换[127-129],致使更深层次土壤温度变化更滞后于同期气温;②林冠下气温仅与 10 cm 处土壤温度的相关性达到 0.01 显著性水平,与 20 cm、30 cm 处土壤温度达到 0.05 显著性水平,与 40 cm 处土壤温度无显著相关性;③气温与开阔地土壤温度相关性较为显著,而与林冠下土壤温度相关性较弱,这可能与林冠下气象条件下的保温作用及融雪期积雪深度有关[46]。综上,伴随土壤深度增加,气温对土壤温度的影响逐渐减弱,能够直接影响至地表以下 30 cm 内的土壤温度变化,气温对浅层土壤温度的影响程度要高于更深层次的土壤,这与胡铭等[130]、张小磊等[85]研究结果基本一致。

表 5-1　融雪期内气温与分层土壤温度的 Pearson 相关系数

位置	10 cm 土壤温度	20 cm 土壤温度	30 cm 土壤温度	40 cm 土壤温度
林冠下	0.756**	0.546*	0.485*	0.341
开阔地	0.833**	0.822**	0.820**	0.806*

注：**表示在 0.01 水平（双侧）上显著相关，*表示在 0.05 水平（双侧）上显著相关。

　　土壤湿度是衡量积雪消融过程中融雪水入渗量重要的指标之一，同时与该研究区气候状况息息相关，如空气温度、土壤温度、植被覆盖等[46]。为了更深入地分析土壤湿度与气温的关系，现将有无遮蔽条件下融雪期内气温与各层土壤湿度变化进行相关分析，相关系数矩阵见表 5-2，由表可知，有无遮蔽条件下气温仅与 10 cm 土壤湿度的相关性达到 0.01 显著性水平，气温对浅层土壤湿度的影响程度要高于更深层次的土壤，融雪期内，积雪因其具有高反射率及绝热特性，并未将太阳辐射全部转化为融雪所需的能量[46,131]，因此积雪覆盖的保温作用致使地-气界面间能量与水热交换进一步受到阻碍，土壤表层与深层间热交换状况发生变化，从而土壤的冻融过程在垂直廓线上呈减缓趋势[131]，因此气温与浅层土壤湿度的相关性要高于更深层次的土壤。对比表 5-1 可得出：与土壤湿度相比，气温对土壤温度的影响程度更大。

表 5-2　融雪期内气温与分层土壤湿度的 Pearson 相关系数

位置	10 cm 土壤湿度	20 cm 土壤湿度	30 cm 土壤湿度	40 cm 土壤湿度
林冠下	0.492**	0.239	0.141	0.112
开阔地	0.525**	0.048	0.070	−0.284

注：**表示在 0.01 水平（双侧）上显著相关，*表示在 0.05 水平（双侧）上显著相关。

5.5　小　结

　　本章通过对积雪消融期内浅层土壤水热变化要素（土壤温度、土壤湿度）进行连续观测，结合试验区同步长系列气象资料，对同一深度土壤水热关系进行相关性分析，揭示以上要素在融雪期内时空动态变化特征，对同一深度土壤水热关系进行相关性分析，同时解析气温与土壤温、湿度之间的相关关系。研究主要得出以下结论：

　　（1）融雪期内有无遮蔽条件下分层土壤温度随气温升高呈同步波动升高趋势。开阔地土壤温度呈大幅度上升—下降—上升的变化趋势；林冠下土壤温度变化则相对稳定，全层土壤温度呈现上升—平稳维持的波动过程。

（2）融雪期内开阔地各层土壤湿度整体呈现波动上升—波动下降—急剧上升—持续稳定的波动过程；林冠下各层土壤湿度的变化呈轻微"双峰"形状。

（3）林冠下与开阔地同一深度土壤水热关系均呈现一定的正相关关系，且自地表随剖面深度增加呈减弱趋势。

（4）地-气能量交换的阻力与积雪深度有关，气温与开阔地土壤温度相关性较林冠下略强，气温对浅层土壤温、湿度的影响程度均高于更深层次的土壤。

第6章　考虑冰雪消融的乌鲁木齐河径流模拟及组分特征研究

水文循环是地球上最重要的物质循环之一,是联系地球大气圈、水圈、岩石圈和生物圈的纽带。水文模型是对复杂水循环过程的抽象和概化,能够模拟水循环过程的主要或大部分特征。近几十年,全球水资源状况及水文物质循环过程受到气候变化的影响十分明显,尤其是以高海拔山区冰川积雪融水为主要水源的干旱内陆河流域的影响最为显著[132]。我国西北干旱地区淡水资源十分有限,而该地区独特的地理位置及气候条件,使其拥有我国三大积雪区中2/5的冰雪面积,成为我国季节性冰雪资源最为丰富的地区,其中新疆冰雪资源占全国冰雪资源总量的1/3[133]。新疆干旱地区大多内陆河流均发源于高寒山区的永久性冰川,受垂直地带差异性影响,干旱内陆河流主要受永久性冰川、季节性融雪及山区降水的混合补给[134]。在干旱内陆河上游的高寒山区,春汛造成的内陆河融雪径流补给量甚至高于75%[135]。综上可知,冰川和积雪融水是新疆干旱地区宝贵的淡水资源,在水资源构成中占有重要的地位。冰川积雪水资源形成的融雪径流作为干旱区地表水重要的组成部分,是脆弱生态环境系统的重要保障,同时也是绿洲农业赖以生存和发展的生命线。

在全球气候变化的背景下,新疆气候存在着明显的暖湿化趋势。伴随新疆气候自1988年由暖干向暖湿的转型,一方面,积雪数量、面积和持续时间的改变,以及积、融雪过程对气候变化的响应,导致新疆地区积雪水资源量与河川径流季节分配状况发生变化,必将会对干旱内陆河流域水资源、生态环境以及经济社会的可持续发展产生不可逆转的严重影响[136];另一方面,近30年来,高山流域的水文过程对气候变暖和积雪增加产生了明显响应,多种冰雪灾害频发,诸如冰川泥石流、雪崩及冰洪等[137],对干旱区水资源安全和生态环境安全构成了极大威胁。因此,开展干旱内陆河融雪融冰径流模拟研究对我国干旱地区内陆河流域水资源开发利用、生态环境保护以及社会经济发展具有重要的理论及现实意义。

近年来,国内外许多学者用分布式水文模型模拟在流域径流变化过程方面做了很多研究,但新疆还处于起步阶段,尤其是乌鲁木齐河流域的径流模拟,虽然有不少学者做过相关研究,如孜来布·阿不来提[132]基于MODIS积雪数据,利用以度日因子法计算融雪径流的SRM(Snowmelt Runoff Model),模拟了乌鲁木齐河流域2005年3~6月的日径流量变化过程,得到了比较好的效果;杨森[138]以度日因子法计算冰川日径流的HBV模型(Hydrologiska Fyrans Vattenbalans model),在乌鲁木齐河源区进行日径流过程模拟研究;赵杰[139]运用较为成熟的SWAT模型在乌鲁木齐河流域产流区模拟径流,取得了较为理想的成果。这些学者的研究都是利用国内外的分布式水文模型模拟径流,而假设不同气候变化情景,模拟预测乌鲁木齐河流域径流变化趋势的研究还少有报道。目前,虽已有许多学者通过构建水文模型模拟了乌鲁木齐河径流过程,但鲜有学者通过水文模型定量分析乌鲁木齐河在气候变化背景下的径流变化及径流组分(雨、雪、冰)特征;此外,乌鲁木齐河流域所具有的特殊性表现在:包括积雪区、冰川区等特殊地理区域;海拔相对较高,亟须使用一种特定的、针对高山区域的分布式水文模型来模拟乌鲁木齐河的水文过程。因此,在前人研究的基础上,使用具有冰雪消融模块的 SPHY 模型[140-141],以乌鲁木齐河流域 DEM、土地利用、土壤类型数据、冰川、积雪以及 1979~2016 年水文气象数据为基础,构建适应于乌鲁木齐河流域的分布式 SPHY 模型,对乌鲁木齐河流域的英雄桥水文站以上径流形成区径流过程进行模拟,并解析径流各组分来源的占比。

6.1　SPHY 模型简介

　　SPHY 模型是由 FutureWater(www. futurewater. nl)开发的一套分布式水文模型。其参考了 HydroS、SWAT、PCR-GLOBWB、SWAP 等模型的相关模块,包含具有冰川模块、积雪模块、地下水模块、汇流模块等在内的大多水文过程,主要分为冰川覆盖区与非冰川区,非冰川区土壤结构划分为三层,分别是根区层、次根区层与地下水层[140-141]。具体的模型架构见图 6-1。

　　与其他水文模型相比,SPHY 模型具有以下特点[142]:

　　(1)整合了现有的模型或者经过充分测试的模型中的关键组件,包括:SWAT、SWAP、HimSim、PCR-GLOBWB。

　　(2)整合了大多数的水文过程,尤其是冰川过程。因为乌鲁木齐河地处高原,高山冰川分布广,相比于其他模型,SPHY 模型能够更好地适应受到冰川影响的水文过程。这是选择 SPHY 模型研究乌鲁木齐河水文过程的关键理由。

　　(3)SPHY 是开源的,使用起来相对方便。同时它的输入、输出可以直接与开源的 QGIS 软件交互。

　　(4)配置文件中的模型参数便于改动,该模型是模块化的,以便建模的时候打开或关闭某些需要或不需要的水文过程,这不仅可以减少模型的运行时间,同时也可以减少模型所需要的输入数据的数量。对于有不同需求的学者来说,可以自己编写新的模块加入 SPHY 模型中,形成针对特殊研究区域的衍生模型。

6.1.1　SPHY 模型结构与原理

　　SPHY 模型是一种空间分布式"漏桶型"寒区水文模型,该模型通过计算逐个栅格单元来实现建模。SPHY 模型由荷兰乌得勒支大学开发,基于 PCRaster[143]、Karssenberg[144]研发的动态建模框架进行数据预处理,其中 PCRaster 是一种时空环境建模语言,SPHY 与 PCRaster 都是使用 Python 编程语言编写[140]。SPHY 模型是嵌套于 QGIS 软件中,数据预

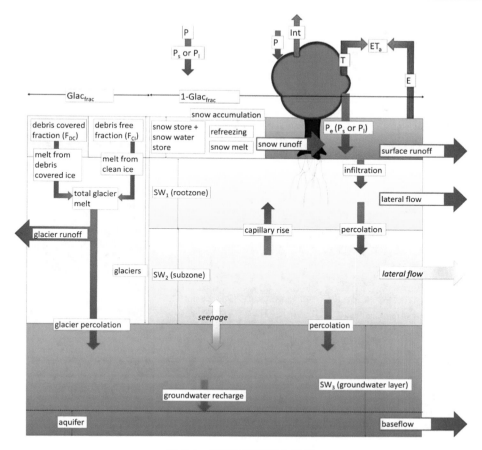

图 6-1　SPHY 模型基本架构

处理与模型运行过程均具有可视化操作界面,如图 6-2 所示。

SPHY 模型需要静态输入数据和动态驱动数据,其中静态输入数据包括数字高程(DEM)、土地利用类型(包含作物系数)、土壤物理属性数据、冰川覆盖分布;动态驱动数据包括逐日尺度的气象数据(最高气温、最低气温、平均气温、降水)。模型建立过程中不需要径流数据输入,对模型进行校准和验证过程中需要径流数据;该模型还可以使用实际蒸发蒸腾量,土壤含水率或积雪面积(SCA)进行校准。如 SPHY 模型可以使用 MODIS 积雪遥感影像图像与模型运行得到的积雪图像对比来对融雪径流过程进行校准。

SPHY 模型提供了类型丰富的输出结果,模拟结果可以以空间分布的方式呈现,即模拟的蒸散发量、径流量(包括径流各组分的径流量)和地下水补给均可输出为.map 格式的数据,输出时间尺度可以是日、月和年;同时,SPHY 模型可以为研究区中的每个栅格单元生产时间序列数据,比较常输出的时间序列是径流量数据。每个栅格单元模拟计算得到的实际径流量由四个成分组成,即源自雨水的径流、源于融雪的径流、源于冰川融化的径流和基流。

目前,该模型已被成功应用于冰川流域水文模拟之中[142,145]。本书研究主要将 SPHY

(a)SPHY模型预处理

(b)可视化模拟操作界面

图 6-2 基于 QGIS 平台的 SPHY 模型预处理与可视化模拟操作界面

模型应用于高寒山区的冰川积雪径流模拟中,因此主要对该模型中与融雪、冰川、降雨、基流、汇流模块进行简要介绍,关于 SPHY 模型更为详细的原理可参考 SPHY 模型用户手册[140]、相关的文献[141]以及官方网站(http://www.sphy.nl)。

6.1.2　雨雪区分模块

　　SPHY 模型将会直接使用一个给定的积雪覆盖初始值。积雪模块在几年的积累−消融过程之后,会发展出一个相对稳定的、平衡的积雪覆盖区域。一次模型运行结束后的积雪覆盖范围,可以被用作下一时间段模型运行的初始范围。对于每个栅格单元来说,决定降水是雨水形式还是雪形式的控制是临界气温(T_c);降水时气温大于 T_c 时,降水将会以雨水的形式降落,当气温小于或等于 T_c 时,降水将会以雪的形式降落。

$$P_{s,t} = \begin{cases} \text{Pe}_t & T_{\text{avg},t} \leqslant T_c \\ 0 & T_{\text{avg},t} > T_c \end{cases} \tag{6-1}$$

$$P_{r,t} = \begin{cases} \text{Pe}_t & T_{\text{avg},t} > T_c \\ 0 & T_{\text{avg},t} \leqslant T_c \end{cases} \tag{6-2}$$

式中:$T_{\text{avg},t}$ 为第 t 天某栅格单元的日平均温度,℃;T_c 是雨雪划分时的临界温度;Pe_t 为第 t 天该栅格单元的降水量,mm/d;$P_{s,t}$ 为第 t 天的该栅格单元降雪量,mm/d;$P_{r,t}$ 是第 t 天的该栅格单元降雨量,mm/d。

　　SPHY 模型中,考虑了积雪的潜在雪融水量,潜在雪融水与实际雪融水并不相同。潜在雪融水量是根据度日因子模型计算得到融水量,但由于积雪是之前固态降水的储蓄值,不可能小于 0,潜在雪融水量将所有积雪融化时,没有更多的雪供其融化,此时算得的积雪融水量为实际融水量,实际融水量从高海拔处向低海拔处汇流,最终沿着河网全部汇入到河道干流。度日模型在冰层模型中的应用非常广泛,它是基于融雪和气温之间的经验关系。与能量平衡模型相比,度日模型更容易建立,并且只需要气温值,而气温大多相对容易获取和插值,SPHY 模型中应用度日因子模型计算潜在消融量公式如下:

$$A_{\text{pot},t} = \begin{cases} \text{DDFs} \cdot T_{\text{avg},t} & T_{\text{avg},t} \geqslant T_c \\ 0 & T_{\text{avg},t} < 0 \end{cases} \tag{6-3}$$

式中:$A_{\text{pot},t}$ 为潜在积雪消融量,mm/d;DDFs 为积雪消融因子,mm/(℃/d)。

　　在潜在消融量后,通过与前 1 d 的积雪储量[$\text{SS}_{t-1}(\text{mm})$]对比计算实际的积雪消融量 $A_{\text{act},t}(\text{mm/d})$。

$$A_{\text{act},t} = \min(\text{SS}_{t-1}, A_{\text{pot},t}) \tag{6-4}$$

　　式中给出了积雪储量计算公式。在积雪储量的过程中同时考虑到了前 1 d 积雪中液态水的再冻结过程和当天的降雪过程以及积雪消融过程。

$$\text{SS}_t = \begin{cases} \text{SS}_{t-1} + P_{s,t} + \text{SSW}_{t-1} & T_{\text{avg},t} < 0 \\ \text{SS}_{t-1} + P_{s,t} + A_{\text{act},t} & T_{\text{avg},t} \geqslant 0 \end{cases} \tag{6-5}$$

式中,雪被中液态水含量 $\text{SSW}_t(\text{mm})$ 是根据前 1 d 雪被中的液态水含量、降雨量、当日实际消融量和雪被的最大液态水储水能力计算得到。

$$\text{SSW}_t = \begin{cases} 0 & T_{\text{avg},t} < 0 \\ \min(\text{SSW}_{t-1} + P_{r,t} + A_{\text{act},t}, \text{SSW}_{\max,t}) & T_{\text{avg},t} \geqslant 0 \end{cases} \tag{6-6}$$

$$\text{SSW}_{\text{max},t} = \text{SS}_t \cdot \text{SSC} \tag{6-7}$$

式中:$\text{SSW}_{\text{max},t}$ 为雪被的最大液态水储水能力,mm,根据积雪储量和积雪储水能力[SSC(mm/mm)]计算得到。

$$\text{SRo}_t = \begin{cases} 0 & T_{\text{avg},t} \leqslant 0 \\ A_{\text{act},t} + P_{\text{r},t} - \Delta\text{SSW} & T_{\text{avg},t} > 0 \end{cases} \tag{6-8}$$

综合考虑积雪的实际 $\Delta\text{SSW} = \text{SSW}_t - \text{SSW}_{t-1}$ 消融量、降雨量和积雪中液态水含量的变化量,最终根据式(6-8)计算得到积雪表面的产流量。

6.1.3 冰川模块

与积雪消融的计算类似,SPHY 模型对冰川消融计算同样采用的是简单的度日因子模型。在计算过程中,考虑到裸冰和表碛覆盖冰表面特性的差异,对其消融过程分别进行模拟。

$$A_{\text{CI},t} = \begin{cases} \text{DDF}_{\text{CI}} \cdot T_{\text{avg},t} \cdot F_{\text{CI}} & T_{\text{avg},t} > T_{\text{c}} \\ 0 & T_{\text{avg},t} \leqslant 0 \end{cases} \tag{6-9}$$

$$A_{\text{DC},t} = \begin{cases} \text{DDF}_{\text{DC}} \cdot T_{\text{avg},t} \cdot F_{\text{DC}} & T_{\text{avg},t} > T_{\text{c}} \\ 0 & T_{\text{avg},t} \leqslant 0 \end{cases} \tag{6-10}$$

式中:$A_{\text{CI},t}$ 和 $A_{\text{DC},t}$ 分别为裸冰和表碛覆盖冰日消融量,mm/d;DDF_{CI} 和 DDF_{DC} 分别为裸冰和表碛覆盖冰的度日因子,mm/(℃·d);F_{CI} 和 F_{DC} 分别为某栅格单元裸冰和表碛覆盖冰占冰川覆盖面积的比例。实际的冰川消融量 $A_{\text{GLAC},t}$ 是根据裸冰和表碛覆盖冰的消融量以及冰川覆盖面积占整个像元的比例(GlacFrc)计算得到,计算公式如式(6-11)所示:

$$A_{\text{GLAC},t} = (A_{\text{CI},t} + A_{\text{DC},t}) \cdot \text{GlacFrc} \tag{6-11}$$

SPHY 模型中,冰川融水被分为两个部分,一部分冰川融水直接产流,剩余部分通过渗漏进入地下水,最终以基流的方式汇流到河网中。两部分由一个校准的冰川融化径流系数界定,该系数可以是 0~1 的任意值。因此,冰川产生的径流量和渗漏量计算公式分别如下:

$$\text{GRo}_t = \text{GlacROF} \cdot A_{\text{GLAC},t} \tag{6-12}$$

$$G_{\text{perc},t} = (1 - \text{GlacROF}) \cdot A_{\text{GLAC},t} \tag{6-13}$$

式中:GRo_t 为冰川融水产流量;$G_{\text{perc},t}$ 为冰川融水渗漏量;GlacROF 为冰川融水产流因子,可通过参数率定获得合理值。

6.1.4 基流(地下水)模块

在径流较低的时期,河流是由持续的地下水流动或较早降水事件导致的较深土壤的缓慢渗流等过程来供给水源,这被称为基流。SPHY 模型中地下水库对于每个栅格单元都是动态的,库中的地下水由下层土壤的渗滤作用和单元格冰川部分的渗滤作用产生。这两个组件为地下水储存提供补给。地下水储存最终转化为基流,进而成为河流径流量的一个重要组分。地下水转化为基流具有一定的时滞性，这个时滞参数需要不断调整用以优化模型。SPHY 模型在降水–地下水响应模型中使用的指数衰减加权进行地下水补给量的计算[见式(6-14)]。

$$Gchrg_t = \left[1 - \exp\left(- \frac{1}{\delta_{gw}} \right) \right] \cdot w_{2,prec} + \exp\left(- \frac{1}{\delta_{gw}} \right) \cdot Gchrg_{t-1} \tag{6-14}$$

式中：δ_{gw} 为地下水补给的延迟时间。

当地下水含量(GW)超过给定的地下水含量阈值时(BF_{thresh})，SPHY 模型采用地下水基流对地下水补给量的稳态响应和基流对地下水周期性非稳态响应导致的地下水表面的波动计算地下水出流量。式(6-15)给出了 SPHY 模型中基流(BF_t)计算公式。

$$BF_t = \begin{cases} 0 & GW \leqslant BF_{thresh} \\ BF_{t-1} \cdot \exp(-\alpha_{gw}) + Gchrg_t \cdot \left[1 - \exp(-\alpha_{gw}) \right] & GW > BF_{thresh} \end{cases} \tag{6-15}$$

式中：α_{gw} 为地下水退水系数。

6.1.5　汇流模块

SPHY 将流域划分为若干个相同的栅格单元，每个栅格单元会根据输入水文、气象、冰川等要素应用物理模型分别模拟降水、蒸发、下渗、冰川积雪消融等水文过程，得到每个单元网格的产流量，再通过地表汇流路径进行汇流计算，最终可以得到整个流域出口断面的总径流。每个网格的总径流量由有效降雨产流量、融水产流量、冰川融水产流量和基流量 4 部分组成，其计算公式如下：

$$Q_{Tot} = G_{Ro} + S_{Ro} + R_{Ro} + BF \tag{6-16}$$

式中：Q_{Tot} 为某个单元网格的总产流量，mm；G_{Ro} 为冰川融水产流量，mm；S_{Ro} 为积雪融水产流量，mm；R_{Ro} 为有效降雨产流量，mm；BF 为基流量，mm。

通过式(6-17)可以将对应栅格处的径流模数由 $Q_{Tot}(mm/d)$ 转换为 $Q_{Tot_t}^*(m^3/s)$，其中 A 为栅格面积(m^2)。

$$Q_{Tot_t}^* = \frac{Q_{Tot_t} \cdot 0.001A}{24 \times 60 \times 60} \tag{6-17}$$

$$Q_{accu,t} = accuflux(F_{dir}, Q_{Tot_t}^*) \tag{6-18}$$

$$Q_{rout,t} = (1 - kx) \cdot Q_{accu,t} + kx \cdot Q_{rout,t-1} \tag{6-19}$$

式中，利用流向图(F_{dir})和栅格径流模数($Q_{Tot_t}^*$)可以计算出每个栅格处不考虑汇流延迟情况下的累积径流量[$Q_{accu,t}(m^3/s)$]，并利用退水系数(kx)和前 1 d 的径流量计算出当天汇流后的径流量[$Q_{rout,t}(m^3/s)$]。

6.2 SPHY 模型构建与校正

6.2.1 数据准备

SPHY 模型需要静态输入数据和动态驱动数据,其中静态输入数据包括数字高程(DEM)、土地利用类型(包含作物系数)、土壤物理属性数据、冰川覆盖分布等;动态驱动数据包括逐日尺度的气象数据(最高气温、最低气温、平均气温、降水)。为保持 SPHY 模型空间分辨率的一致性,本次模拟将 DEM(见图 6-3)、冰川、土地利用、土壤等空间等数据分辨率统一为 1 km,投影坐标系统一设置为 WGS_1984。具体数据来源与处理介绍如下。

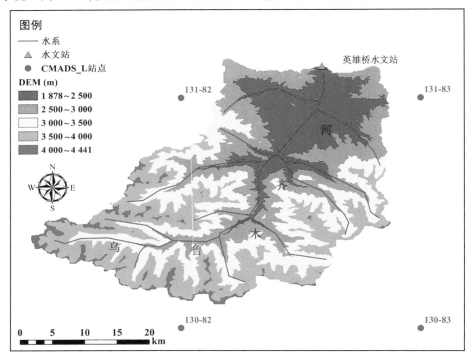

图例
— 水系
▲ 水文站
● CMADS_L站点
DEM (m)
1 878~2 500
2 500~3 000
3 000~3 500
3 500~4 000
4 000~4 441

英雄桥水文站

131-82   131-83

130-82   130-83

0 5 10 15 20 km

图 6-3 乌鲁木齐水文、气象站点分布

6.2.1.1 水文气象数据

考虑到乌鲁木齐河上游地区并无实测气象站点,无法充分反映高寒地区降水的空间和综合变化。由于气候再分析数据集提供了一种有效的方法,可以帮助了解气象站稀疏的高山地区气象过程。本节选用中国气象同化驱动数据集[The China Meteorological Assimilation Driving Datasets for the SWAT model(CMADS),下载网址为:http://www.cmads.org/]。CMADS 结合了 LAPS/STMAS 的技术,并使用数据循环嵌套、双线性插值等多种技术构建而成。它包含日 24 h 累积降水量(mm)、日最高温度(℃)、日平均温度(℃)、日最低温度(℃)、日平均相对湿度(%)等气候要素,并且具有多个版本(CMADS

V1.0、CMADS V1.2、CMADS-L V1.0、CMADS-L V1.1 等)。本次选择 CMADS-L V1.1 版本数据产品(站点分布见图 6-3),该数据集时间尺度为 1979~2018 年,空间分辨率为 0.25°×0.25°。

水文数据选择乌鲁木齐河上控制水文站(英雄桥水文站)1979~2016 年实测逐月流量数据。水文站点位置和空间分布见图 6-3。流量数据用于模型的校准。

6.2.1.2　冰川数据

本章采用的冰川数据获取方式有两种,第一种冰川数据采用中国冰川编目清单(Chinese Glacier Inventory, CGI)已由中国科学院寒区旱区环境与工程研究所完成并发布,包含第一次中国冰川编目(FCGI)与第二次中国冰川编目(SCGI),数据可在国家冰川冻土沙漠科学数据中心(http://data.casnw.net/portal/)下载。FCGI 是根据 1960~1980 年获得的地形图和航空照片完成的,大部分航空照片是在 20 世纪 70 年代获得;SCGI 覆盖了中国 86%的冰川地区,是根据 2004 年之后的遥感影像编制,遥感影像包括 Landsat TM/ETM+和 ASTER 影像。FCGI 的冰川空间分布数据用于率定期水文模型模拟初始冰川输入数据;SCGI 的冰川空间分布数据用于辅助 2003 年乌鲁木齐河上游冰川数据的解译提取。

第二种冰川数据是基于下载的 Landsat 系列遥感影像通过人机交互式解译获得。2003 年下载的是 Landsat7 ETM 影像。为减少不同时相造成的冰川提取误差以及积雪对提取冰川边界的影响,所选影像月份均在 8 月左右。具体解译步骤如下:

(1)利用 ENVI 5.3 软件对遥感影像进行条带去除(2003 年影像)、辐射校正、几何校正配准、图像融合裁剪等预处理手段。

(2)采用比值阈值法(RED/SWIR)通过设定阈值提取冰川边界。根据已有研究经验,本次研究阈值设定为 2.0,可清楚区分冰川与非冰川区域。将提取后的冰川结果转化为二值图,通过中值滤波工具处理以去除阴影中的噪声影响。

(3)将处理后的二值图导出为矢量格式冰川覆盖面积图,利用 ArcGIS 5.0 软件,以 Google Earth 影像及第二次中国冰川编目(SCGI)数据作为参考,对解译的冰川中明显错分、漏分的区域进行手动编辑和修正。为避免冰碛干扰,将小于 0.01 km² 的冰川去除,以确保获取较为准确的冰川覆盖数据。解译提取得到的乌鲁木齐河 2003 年冰川数据用于模型验证期冰川数据的输入。

乌鲁木齐河上游冰川编目数据见图 6-4。

6.2.1.3　土地利用数据

流域的潜在蒸散量、实际蒸散量和水量平衡主要受土地利用的影响,本章 SPHY 模型土地利用数据采用的是欧洲航天局(ESA)开发的全球 300 m 精度的 ClobCover2009 数据(见图 6-5),数据下载网址为 http://maps.elie.ucl.ac.be/CCI/wewer/。

6.2.1.4　土壤属性数据

土壤数据不仅是 SPHY 模型基础数据的重要组成部分,同时也影响着土壤水量平衡、

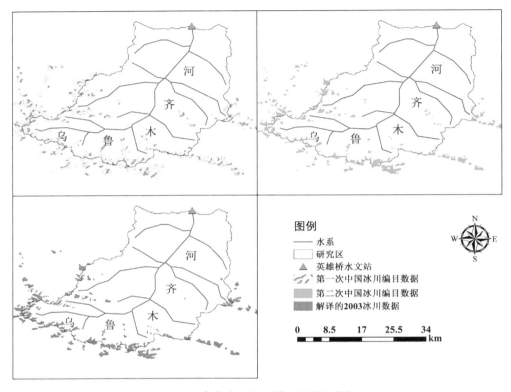

图 6-4   乌鲁木齐河上游冰川编目数据

产流与蒸散发过程。土壤属性数据包括土壤饱和含水率、田间持水量、萎蔫点、永久萎蔫点、饱和导水率等。本章构建 SPHY 模型使用的土壤数据是由联合国粮食及农业组织（Food and Agriculture Organization of the United Nations，FAO）与维也纳国际应用系统分析研究所（International Institnte for Applied Systems Analysis，IIASA）共同建立的世界和谐土壤数据库（Harmonized Word Soil Database，HWSD，网址为 http://www.fao.org/soils-portal/soil-survey/soil-maps-and-databases/harmonized-world-soil-database-v12/en/）所提供。根据该数据网站下载的数据介绍，次数据采用的土壤分类系统是 FAO-90，数据的空间分布率为 1 km。在构建 SPHY 模型时，需要将饱和含水率、田间持水量、萎蔫点、永久萎蔫点、饱和导水率等土壤特性数据制作成统一分辨率的土壤水力特性图。其制作操作步骤如下：

（1）根据流域范围确定土壤类型，并从 HWSD DATA 表格查出各土壤类型对应的水力特性参数，如 Soil_Sand、Soil_CLAY、Soil_SILT、Soil_GRAT 等，其中 Soil 分上下两层。

（2）根据查出对应的土壤水力特性参数，通过 SPAW 软件计算出土壤饱和含水率、田间持水量、萎蔫系数、水力传导度等值。

（3）在 ArcGIS 软件中将计算出的各水力特性数值对应地输入到各土壤类型下。

（4）通过 ArcGIS 软件工具箱中 Lookup 工具制作各水力特性专题图，格式为.tiff。

土壤水力特性重要参数计算过程见图 6-6。

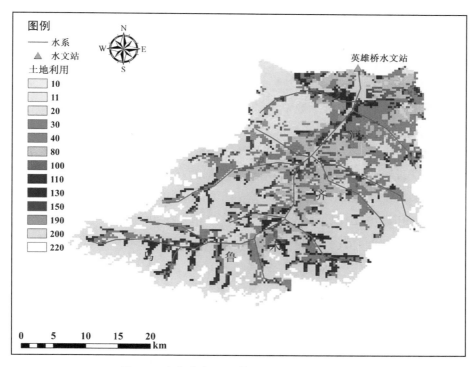

图 6-5　乌鲁木齐河上游土地利用类型专题图

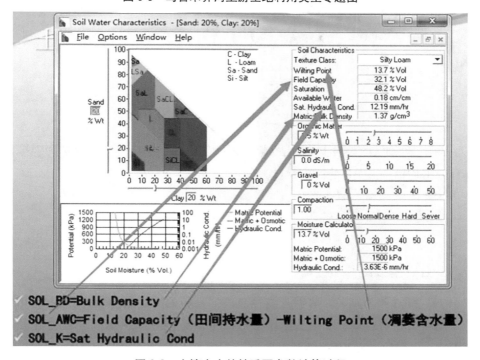

图 6-6　土壤水力特性重要参数计算过程

6.2.2　模型校正

本章基于 SPHY 模型对乌鲁木齐河流域上游径流进行模拟,模拟时间段为 1979～2016 年,模拟的时间步长为月。利用乌鲁木齐河上游控制性水文站(英雄桥水文站)观测的月尺度径流数据对模型进行参数率定、模拟验证和对比分析。为保证驱动数据的可靠性、降低模拟误差,模拟基于 Landsat 遥感影像依据中国第二次冰川编目数据解译得到的 2003 年冰川数据时间为率定期与验证期划分节点,即 1970～2003 年为模型参数率定期,2004～2016 年为验证期,其中以率定期结束时模拟的乌鲁木齐河流域上游积雪空间分布作为验证期积雪初始状态的输入,2003 年解译的冰川数据为验证期冰川初始状态的输入。为了评估 SPHY 模型模拟结果的可靠性,选取了 3 个水文模型评价指标,分别是 Nash-Sutcliffe efficiency 效率系数(NS)、相关性系数(R^2)和绝对误差(Re),计算公式分别如下:

$$NS = 1 - \frac{\sum\limits_{i=1}^{n}(Q_{\mathrm{obs},i} - Q_{\mathrm{sim},i})^2}{\sum\limits_{i=1}^{n}(Q_{\mathrm{obs},i} - \overline{Q}_{\mathrm{obs}})^2} \tag{6-20}$$

$$R^2 = \frac{\left[\sum\limits_{i=1}^{n}(Q_{\mathrm{obs},i} - \overline{Q}_{\mathrm{obs}})(Q_{\mathrm{sim},i} - \overline{Q}_{\mathrm{sim}})\right]^2}{\sum\limits_{i=1}^{n}(Q_{\mathrm{obs},i} - \overline{Q}_{\mathrm{obs}})^2 \sum\limits_{i=1}^{n}(Q_{\mathrm{sim},i} - \overline{Q}_{\mathrm{sim}})^2} \tag{6-21}$$

$$Re = \left(\frac{\sum\limits_{i=1}^{n}Q_{\mathrm{s},i}}{\sum\limits_{i=1}^{n}Q_{\mathrm{b},t}} - 1\right) \times 100\% \tag{6-22}$$

式中:Q_{obs}、$\overline{Q}_{\mathrm{obs}}$ 分别为实测流量与实测流量的平均值,m³/s;Q_{sim}、$\overline{Q}_{\mathrm{sim}}$ 分别为模拟流量与模拟流量的平均值,m³/s;n 为时间尺度。

6.3　模型结果与分析

6.3.1　SPHY 模拟结果与分析

以 1979～2003 年为乌鲁木齐河上游径流模拟参数的率定期,参考国内对 SPHY 模型所做的研究以及 SPHY 模型应用手册中参数的取值范围对本次模拟参数进行取值[146]。由于 SPHY 模型没有参数自动优化功能,本节参考研究案例以及文献资料[147-148],通过人工手动调参,确定率定期主要的参数率定值(见表 6-1)。使用解译得到的 2003 年冰川数据与模型模拟得到的积雪数据作为验证期的冰川与积雪输入,通过保持率定的参数值不变再次运行 SPHY 模型,以模拟 2004~2016 年径流过程。

表 6-1　乌鲁木齐河 SPHY 模型主要敏感参数及其率定值

参数	描述	率定值	单位
alphaGw	alphaGw = 2.3/x(x 为基流持续时间)	0.05	—
deltaGw	地下水迟滞时间	10	d
GlacF	冰川融水产生径流的比例	0.65	—
DFDG	冰碛覆盖区相对裸冰区度日因子的修正系数	6.0	—
DDFG	冰川度日因子	7.0	mm/(℃·d)
SnowSC	雪被持水能力	0.60	—
DDFS	积雪度日因子	6.0	mm/(℃·d)
Tcrit	雨雪区分温度阈值及冰雪开始消融的温度阈值	2.0	℃
kx	汇流退水系数	0.80	—
Rootlayer	根系土壤区厚度	1 000	mm
Sublayer	下层土壤区厚度	2 000	mm

注:表中"—"表示无量纲。

通过对乌鲁木齐河英雄桥水文站实测径流和模拟径流对比,得到率定期与验证期的模拟效果,见表 6-2。由表 6-2 可知:率定期月尺度的径流 Nash 效率系数(NS)为 0.84,相关性系数(R^2)为 0.92,绝对误差(Re)为 0.02,验证期月尺度的径流 Nash 效率系数(NS)为 0.92,相关性系数(R^2)为 0.96,绝对误差(Re)为 0.02,可以看出模型模拟效果较好,即率定期与验证期模拟流量与实测流量的拟合程度高;验证期 NS 与 R^2 均高于率定期,表明验证期模拟结果优于率定期,分析其原因可能是应为率定期(1979~2003 年)时间序列较长,导致实测径流与模拟径流相对误差较大所致;率定期与验证期的模拟流量和实测流量之间的绝对误差(Re)均为正值,即模拟的月径流比实测值偏大(见图 6-7、图 6-8)。总的来说,NS、R^2 以及 Re 均在代表模拟效果较优的范围内。因此,由 CMADS-L 作为气象数据驱动的 SPHY 模型在乌鲁木齐河流域上游径流模拟中适用性较好。

表 6-2　乌鲁木齐河 SPHY 模型率定期与验证期月尺度模拟效果

评价指标	率定期(1979~2003 年)	验证期(2004~2016 年)
NS	0.84	0.92
R^2	0.92	0.96
Re	0.02	0.02

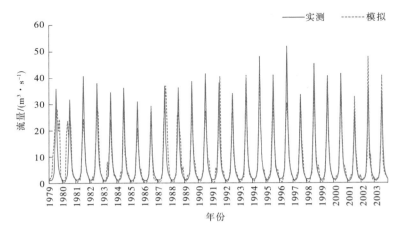

图 6-7　率定期(1979~2003 年)实测与模拟月径流过程线对比

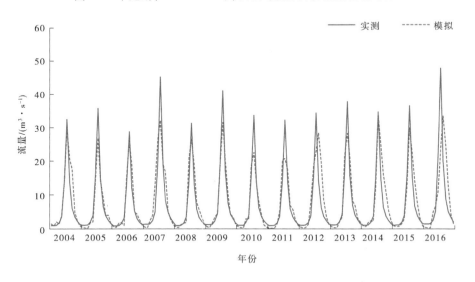

图 6-8　验证期(2004~2016 年)实测与模拟月径流过程线对比

　　分别对比乌鲁木齐河流域上游 SPHY 模型模拟的率定期与验证期的月平均径流(见图 6-9)可以看出,将 SPHY 模型应用于乌鲁木齐河流域上游率定期与验证期流量会高估春、夏、秋(除 7 月)的流量,而冬季的模拟流量被低估。其原因主要是降水增多与气温升高导致的冰雪融水增多,使用再分析数据作为流域上游气象输入数据模拟结果相比于实际气象数据,其精度会存在差异。整体来看,SPHY 模型模拟得到的年内 1~6 月流量过程与实测流量过程较为接近;率定期年内模拟效果优于验证期。

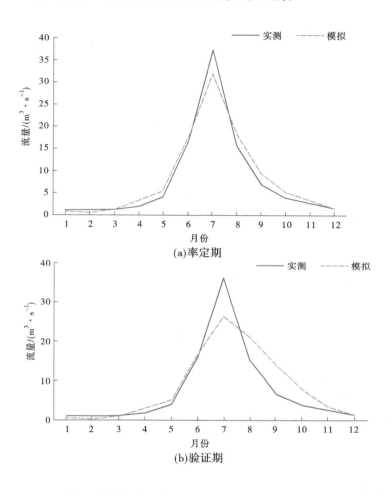

图 6-9　率定期、验证期实测与模拟多年平均月径流对比

6.3.2　径流年内组分变化特征

图 6-10 为乌鲁木齐河 SPHY 模型径流模拟结果根据不同来源(产流量来源),输出的四个径流基本组成成分及径流组分(基流、冰川径流、融雪径流和降雨径流)多年平均比例。其中,冰川径流占总径流的年平均比例为 18.66%,融雪径流占总径流的年平均比例为 36.73%,降雨径流占总径流的年平均比例为 6.31%,基流占总径流的年平均比例达到 38.30%,基流是径流的主要组成部分。

从图 6-11 可以看出,基流是维持乌鲁木齐河上游 7 月至次年 2 月河流运行重要组成成分,特别在 11 月至次年 2 月径流组成主要为基流;积雪自 3 月开始消融,主要消融期在

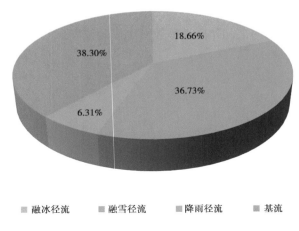

图 6-10　多年平均年内径流组成平均比例

3~6 月,3~6 月占径流组分比重最多;冰川开始消融平均比积雪消融期推迟 1 个月,自 4 月开始有冰川融水,主要消融期为 5~9 月,5~9 月占径流组分相对较多;降雨径流主要集中在 6~9 月。从多年平均月径流组成特征来看,乌鲁木齐河流域 5~10 月水资源较为丰富,冰川和积雪消融是 4~7 月径流涨水期的主要影响因素,同时积雪融水也影响着春汛的产生。因此,径流年内过程中高峰期主要受冰川积雪融水和降雨的共同影响。

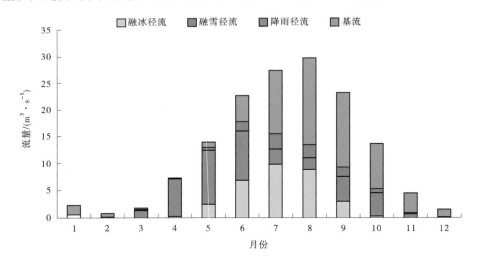

图 6-11　多年平均年内径流组成变化过程线

6.3.3　径流年际组分变化特征

图 6-12 为乌鲁木齐河上游实测径流与模拟径流的年际变化特征。由图可以看出, 1979~2010 年实测年径流和模拟年径流呈现一致平缓增加波趋势,但增加趋势极小。

其中,1979~2016 年实测年径流平均增加幅度为 0.52×10 m^3/(s·10 a),增加了

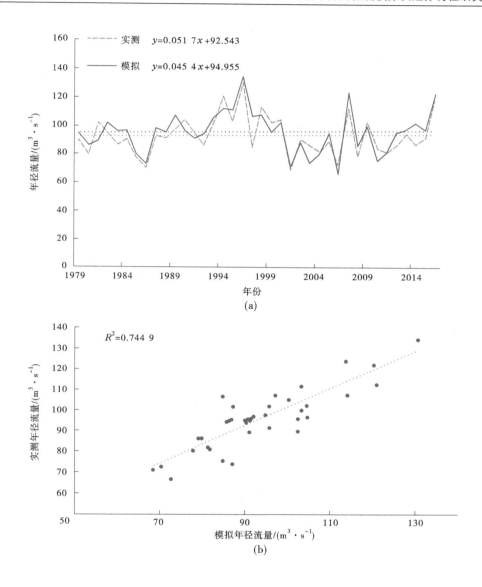

图 6-12　实测与模拟径流年际变化过程

24.94%;模拟年径流相比于实测年径流增加幅度较为平缓,平均增加幅度为 0.45×10 $\text{m}^3/(\text{s} \cdot 10 \text{ a})$,增加了 23.23%。实测年径流与模拟年径流的相关性系数为 0.744 9,并通过实测和模拟年径流变化的对比,表明 SPHY 模型在模拟乌鲁木齐河上游径流变化中具有适用性。

乌鲁木齐河上游径流组分及年平均降水量、年平均气温的变化特征见图 6-13。由图 6-13 可以看出,乌鲁木齐河年降水量呈整体增加趋势与阶段性波动的变化特征,其平均增加幅度为 15.99 mm/a;年平均气温具有整体上升的变化趋势,其平均上升幅度为

0.12 ℃/a。受到气温升高和降水量增加的影响,乌鲁木齐河上游冰川融水径流、融雪径流及降雨径流均呈现出增加趋势,平均增加幅度分别为 0.45 m³/(s·a)、0.28 m³/(s·a)和 0.03 m³/(s·a)。乌鲁木齐河上游冰川径流的变化趋势大致与气温的变化趋势相似,表明气温的变化(升温)对于冰川消融具有较大的影响;而对于非冰川区而言,降水形式只考虑降雨与降雪两种形式下,融雪径流增加幅度大于降雨径流增加幅度,表明流域降水量增加主要以固态的降雪形式为主。因此,乌鲁木齐河上游径流增加是受流域气温升高导致冰川、积雪加速消融以及降水量持续增加共同影响的结果。

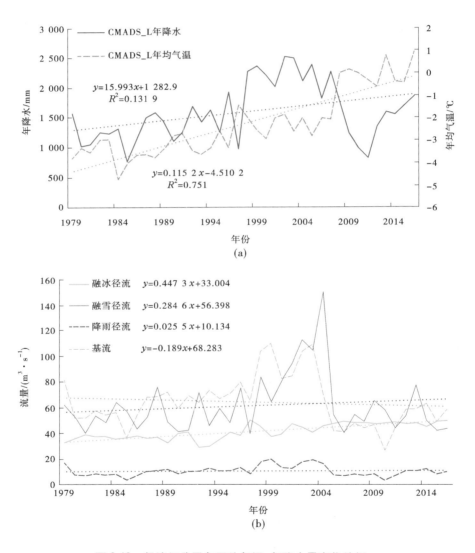

图6-13　径流组分及年平均气温、年降水量变化特征

6.4　小　结

本章在阐述 SPHY 模型原理与结构、数据库构建所需的水文、气象数据、DEM、土地利用类型、土壤属性、河流和冰川编目数据的基础上,通过构建乌鲁木齐河上游山区 SPHY 水文模型,分析了径流变化模拟结果,得到如下结论:

(1)选取 1979~2003 年为乌鲁木齐河上游径流模拟参数的率定期,通过人工手动调参,确定率定期主要的参数率定值,通过保持率定的参数值不变再次运行 SPHY 模型,以模拟 2004~2016 年径流过程,并运用 Nash 效率系数(NS)、相关性系数(R^2)和绝对误差(Re)3 个评价指标对模拟结果进行对比分析,分别得到乌鲁木齐河上游山区月尺度的模型评价指标值,率定期 NS = 0.84,R^2 = 0.92,Re = 0.02,验证期 NS = 0.92,R^2 = 0.96,Re = 0.02,通过评价指标可以看出模型模拟效果较好。

(2)基流、降雨径流、融雪径流和冰川径流在乌鲁木齐河占总径流的年平均比例分别为 38.30%、6.31%、36.73%、18.66%,根据径流年内组分占比情况来看,基流是维持河流运行的基本组成部分。

(3)乌鲁木齐河上游年际变化过程中冰川融水径流、融雪径流及降雨径流均呈现出增加趋势,平均增加幅度分别为 0.45 m³/(s·a)、0.28 m³/(s·a)和 0.03 m³/(s·a)。

第 7 章　结论与展望

7.1　结　论

　　本书首先通过数理统计方法分析乌鲁木齐河流域降水、气温、径流、积雪水文气象要素趋势性、周期性等演变特征,并识别影响径流的主要因素;其次,利用野外试验重点观测有无遮蔽条件下气象要素(如空气温度、相对湿度、太阳辐射等)、积融雪期分层积雪物理特性要素(如积雪密度、雪温、雪深和积雪含水率等)及融雪期内浅层土壤水热特性要素(土壤温度、土壤湿度),并结合室内数理统计分析方法揭示上述要素在积融雪期内时空动态变化特征,并分析与气象要素间的相关关系;最后,以乌鲁木齐河上游山区为研究区域,构建具有冰雪消融模块的径流模拟模型(SPHY模型),以解析径流各组分(降雨径流、积雪径流、冰川径流、基流)来源的占比。主要得出以下结论:

　　(1)乌鲁木齐河降水、气温、径流年内均呈"单峰型",其中降水年内分配极不均匀,主要集中在 5~8 月,占多年平均年降水量的 70.53%,年际间平均以 18.32 mm/10 a 的增长速率波动增加,整体呈明显的下降—上升—下降—上升的阶段变化特征,在 20~25 年的特征时间尺度上呈现明显的周期性振荡,表现出较明显的单一时间尺度变化特征,降水发生的突变年份可能为 1987 年与 2002 年;气温年内差异较大,高温主要集中在 6~8 月,平均气温年际间以 0.80 ℃/10 a 的微弱速率波动增加;1978~2016 年气温序列整体呈明显的下降—上升阶段性变化特征;在气温演变过程中,存在时间尺度为 9 年的周期性振荡,气温可能在 2002 年发生由低到高的突变;径流年内分配极不均匀,主要集中在 6~8 月,占年径流总量的 74.13%,年际间平均以 0.26 亿 m^3/10 a 的速率波动减少,1956~2016 年径流主要由 4 个主周期控制着径流在整个时间段内变化,年径流突变点为 1986 年;乌鲁木齐河流域积雪从 9 月开始逐渐增加到次年 3 月,然后逐渐融化进入消融期,于 6 月积雪面积达到最小值,为 59.73 km^2,冬季积雪面积最大,占全年积雪覆盖面积的 57.70%;夏季积雪面积最小,仅占全年积雪覆盖面积的 5.25%,春季和秋季分别占全年积雪覆盖面积的 14.62% 和 22.43%,2001~2016 年流域四季积雪面积均呈现下降趋势,空间上各个高程带的积雪覆盖率均呈"U"形分布,峰值均出现在 1 月,谷值均出现在 6 月,且随着高程带由高到低呈递减趋势;通过相关系数法分析表明降水是径流的主要影响因素,并采用滑动偏相关系数法初步判断乌鲁木齐河径流-降水联合序列可能在 1998 年、2002 年、2003 年发生了变异;采用双累积曲线法对径流-降水关系进一步验证,结果表明径流-降水关系在 1998 年发生变异。

　　(2)在积雪稳定期内(2017 年 12 月 29 日至 2018 年 1 月 23 日)积雪物理特性方面,

有无遮蔽条件下(林冠下、开阔地)的样地常规气象因子(气温、空气湿度)变化趋势基本一致,均呈大幅波动下降趋势,开阔地的平均气温略高于林冠下。林冠下因其植被冠层对降雪截留能力较为显著,致使林冠下降雪累积深度略低于开阔地,新雪层厚度随时间变化逐渐呈小幅减小趋势,其余各雪层厚度均基本保持不变,其中深霜层与粗粒雪层深度比例均较大。林冠下雪温自新雪层至深霜层呈逐步上升趋势,而开阔地分层雪温由新雪层至中粒雪层呈下降趋势,从中粒雪层开始至深霜层呈陡然上升趋势。林冠下积雪密度略低于开阔地,垂直廓线变化均表现为中间较大,表层与底层较小的“单峰型”变化趋势,林冠下与开阔地峰值分别位于中粒雪层与粗粒雪层处。林冠下与开阔地全层液态含水率随积雪稳定期气温逐步降低均呈减小趋势,林冠下雪层液态含水率自表层至下部呈均匀上升趋势,最大值与最小值分别出现在深霜层和新雪层,开阔地雪层液态含水率随积雪深度变化呈“单峰型”,雪层含水率自新雪层至下部雪层匀速增加,至粗粒雪层达到峰值。林冠下与开阔地积雪密度与积雪含水率均随气温逐渐降低,均符合一元线性回归趋势变化,气温对积雪含水率的影响略大于雪层密度。

(3)在积雪消融期内(2018 年 2 月 20 日至 2018 年 3 月 25 日)积雪物理特性方面,整个融雪期内,融雪速率随气温升高而增加,开阔地积雪消融速率大于林冠下,开阔地积雪较林冠下积雪平均提前一周融化。一次典型降雪过程后,融雪期雪层深度变化幅度大于积雪稳定期,新雪层及细粒雪层厚度随气温及时间变化逐渐消融最终与粗粒雪层合并为一层,其中深霜层与粗粒雪层深度比例均较大。雪层均温随气温波动上升呈小幅上升的稳定变化趋势,开阔地逐日雪层均温明显高于林冠下。林冠下雪温自深霜层至新雪层呈逐步下降趋势,开阔地雪温自深霜层至新雪层呈逐步上升趋势。林冠下与开阔地全层积雪密度随融雪期气温波动上升呈增加趋势,典型分层积雪密度垂直廓线变化特征基本一致,雪层密度从新雪层向下逐渐增大,至中粒雪层(林冠下)与细粒雪层(开阔地)达到峰值。全层液态含水率随气温逐步上升均呈增加趋势,均随积雪深度变化呈“单峰型”,即积雪剖面表层与底部含水率较小,中部较大,林冠下与开阔地雪层液态含水率峰值均集中在细粒雪层。林冠下与开阔地积雪密度随气温逐渐升高均符合一元线性回归趋势变化,积雪含水率随气温逐渐上升均符合指数增加趋势变化。

(4)在积雪消融期内(2018 年 2 月 20 日至 2018 年 3 月 25 日)浅层土壤水热特性变化特征方面,有无遮蔽条件下分层土壤温度随气温升高呈同步波动升高趋势。开阔地土壤温度呈大幅度上升—下降—上升的变化趋势;林冠下土壤温度变化则相对稳定,全层土壤温度呈现上升—平稳维持的波动过程。开阔地各层土壤湿度整体呈现波动上升—波动下降—急剧上升—持续稳定的波动过程;林冠下各层土壤湿度的变化呈轻微“双峰”形状。林冠下与开阔地同一深度土壤水热关系均呈现一定的正相关关系,且自地表随剖面深度增加呈减弱趋势。地-气能量交换的阻力与积雪深度有关,气温与开阔地土壤温度相关性较林冠下略强,气温对浅层土壤温、湿度的影响程度均高于更深层次的土壤。

(5)选取 1979～2003 年为乌鲁木齐河上游径流模拟参数的率定期,2004～2016 年为验证期,通过人工手动调参,确定率定期主要的参数率定值,并运用 Nash 效率系数(NS)、相关性系数(R^2)和绝对误差(Re)3 个评价指标对模拟结果进行对比分析,分别得到乌鲁木齐河上游山区月尺度的模型评价指标值,率定期 $NS=0.84$,$R^2=0.92$,$Re=0.02$,验证期 $NS=0.92$,$R^2=0.96$,$Re=0.02$,通过评价指标可以看出模型模拟效果较好;基流、降雨径流、融雪径流和冰川径流在乌鲁木齐河占总径流的年平均比例分别为 38.30%、6.31%、36.73%、18.66%,根据径流年内组分占比情况来看,基流是维持河流运行的基本组成部分;乌鲁木齐河上游年际变化过程中冰川融水径流、融雪径流及降雨径流均呈现出增加趋势,平均增加幅度分别为 0.45 m³/(s·a)、0.28 m³/(s·a)和 0.03 m³/(s·a)。

7.2 展 望

季节性积雪累积与消融过程属于具有复杂性及不确定性的物理过程,目前已有研究针对积融雪物理过程的理解尚不充分,对于不同遮蔽条件下地表植被状况及林相林分对积雪积累与消融过程的影响认识还处于起步研究阶段,本书仅限于对有无遮蔽条件下积雪累积与消融过程中分层积雪物理特性变化特征及融雪期内浅层土壤水热变化特征进行分析,为进一步优化融雪径流模型参数提供基础,但研究成果仅是初步的,还需进一步深入研究与探索。

(1)本书基于研究需要,以榆树林覆盖为划分标准,选取了研究区开阔地与榆树林冠下,还需进一步考虑不同下垫面的植被覆盖类型与遮蔽条件(林冠下、林缘、开阔地、距树干 1 m 处)等其他要素。

(2)在积雪消融后期阶段应适当增加每日测量频率,以确保数据可靠有效性,对于积雪消融过程中积雪物理特性变化分析中应结合更全面的气象要素(如太阳辐射、风速等)加以研究。

(3)对于融雪期有无遮蔽条件下浅层土壤水热要素变化规律和相关性做了分析,但气象要素对冻土水热的影响过程有待进一步深入研究,并应加强土壤冻融过程的机制研究,可从下渗机制的角度,进一步分析积雪、融雪过程对土壤冻融循环的影响。

参考文献

[1]杨建平,丁永建,叶柏生,等.长江源区小冬克玛底冰川区积雪消融特征及对气候的响应[J].冰川冻土,2007,29(2):258-264.

[2]Filhol S, Perret A, Girod L, et al. Time-Lapse Photogrammetry of Distributed Snow Depth During Snowmelt[J]. Water Resources Research, 2019, 55(9):7916-7926.

[3]Spulak O, Kacalek D, Cernohous V. Snow cover accumulation and melting measurements taken using new automated loggers at three study locations[J]. Agricultural and Forest Meteorology, 2020, 98:285-286.

[4]王建,车涛,李震,等.中国积雪特性及分布调查[J].地球科学进展,2018,33(1):12-26.

[5]杨林,马秀枝,李长生,等.积雪时空变化规律及其影响因素研究进展[J].西北林学院学报,2019,34(6):96-102.

[6]严晓瑜,赵春雨,任国玉,等.1962—2008年辽宁省积雪变化特征[J].气象与环境学报,2012,28(2):34-39.

[7]马荣,张明军,王圣杰,等.近50 a西北干旱区冬季积雪日数变化特征[J].自然资源学报,2018,33(1):127-138.

[8]陆恒,魏文寿,刘明哲,等.季节性森林积雪融雪期雪层含水率垂直廓线与时间变化特征[J].地理研究,2011,30(7):1244-1253.

[9]秦艳,丁建丽,赵求东,等.2001—2015年天山山区积雪时空变化及其与温度和降水的关系[J].冰川冻土,2018,40(2):249-260.

[10]洪雯,魏文寿,刘明哲,等.季节性积雪区不同遮挡条件下深霜发育比较[J].地理科学,2012,32(8):979-985.

[11]Brown R D, Goodison B E. Interannual variability in reconstructed Canadian snow cover, 1915-1992[J]. Journal of Climate, 1996, 9(6):1299-1318.

[12]王芹芹.融雪期积雪深度变化影响因子分析及模拟研究[D].乌鲁木齐:新疆农业大学,2013.

[13]户元涛.1996—2012年欧亚大陆积雪与气候变化的相互关系[D].兰州:兰州大学,2018.

[14]王树发.1966—2011年欧亚大陆融雪时空变化特征[D].兰州:兰州大学,2019.

[15]张廷军,钟歆玥.欧亚大陆积雪分布及其类型划分[J].冰川冻土,2014,36(3):481-490.

[16]Stroeve J, Jason E B, Gao F, et al. Accuracy assessment of the MODIS 16-day albedo product for snow:comparisons with Greenland in situ measurements[J]. Remote Sensing of Environment, 2004, 94(1):46-60.

[17]Shive P R, Singh D, Jacob N, et al. Identifying contribution of snowmelt and glacier melt to the Bhagirathi River (Upper Ganga) near snout of the Gangotri Glacier using environmental isotopes[J]. Catena,

2019，173：339-351.

[18] March P, Bartlett P, MacKay M, et al. Snowmelt energetics at a shrub tundra site in the western Canadian Arctic[J]. Hydrological Processes，2010，24(25)：3603-3620.

[19] Bokhorst S, Pedersen S H, Brucker L, et al. Changing Arctic snow cover：A review of recent developments and assessment of future needs for observations, modelling, and impacts[J]. Ambio, 2016, 45 (5)：516-537.

[20] 于海鸣，刘建基. 新疆丘陵区小流域春季融雪设计洪水估算[J]. 水利规划与设计，2005，18(3)：29-31,72.

[21] 张佳华，吴杨，姚凤梅. 卫星遥感藏北积雪分布及影响因子分析[J]. 地球物理学报，2008，61 (4)：1013-1021.

[22] 赵春雨，严晓瑜，李栋梁，等. 1961—2007年辽宁省积雪变化特征及其与温度、降水的关系[J]. 冰川冻土，2010，32(3)：461-468.

[23] Kitaev L, Kislov A, Krenke A, et al. The snow cover characteristics of northern Eurasia and their relationship to climatic parameters[J]. Boreal environment research, 2002, 7(4)：437-445.

[24] Groisman P Y, Karl T R, Knight R W, et al. Changes of Snow Cover, Temperature, and Radiative Heat Balance over the Northern Hemisphere[J]. Journal of Climate, 1994, 7(11)：1633-1656.

[25] Dery S J, Brown R D. Recent Northern Hemisphere snow cover extent trends and implications for the snow-albedo feedback[J]. Journal of Climate, 2007, 34(22)：361-368.

[26] Falarz M. Seasonal stability of snow cover in Poland in relation to the atmospheric circulation[J]. Theoretical and Applied Climatology, 2013, 111(1-2)：21-28.

[27] Barnett T P, Pierce D W, Hidalgo H G, et al. Human-induced changes in the hydrology of the western United States[J]. Science, 2008, 319：1080-1083.

[28] Cohen J, Saito K. Eurasian snow cover, more skillful in predicting U. S. winter climate than the NAO/AO[J]. Geophysical Research Letters, 2003, 30(23)：2190.

[29] Dong C Y. Remote sensing, hydrological modeling and in situ observations in snow cover research：A review[J]. Journal of Hydrology, 2018, 561：573-583.

[30] 张天宇，陈海山，孙照渤. 欧亚秋季雪盖与北半球冬季大气环流的联系[J]. 地理学报，2007，74 (7)：728-741.

[31] 姜琪，罗斯琼，文小航，等. 1961—2014年青藏高原积雪时空特征及其影响因子[J]. 高原气象，2020，39(1)：24-36.

[32] 任艳群，刘苏峡. 北半球积雪/海冰面积与温度相关性的差异分析[J]. 地理研究，2018，37(5)：870-882.

[33] 马虹，刘宗超，刘一峰，等. 中国西部天山季节性积雪的能量平衡研究和融雪速率模拟[J]. 科学通报，1992，43(21)：1978-1981.

[34] 陈卫东，张波，霸广忠. 春雪消融产生的森林径流特征及其影响[J]. 黑龙江水利科技，2001，29 (3)：54-55.

［35］高培，魏文寿，刘明哲. 中国西天山季节性积雪热力特征分析［J］. 高原气象，2012，31（4）：1074-1080.

［36］张娜，范昊明，许秀泉. 辐射能量对不同深度和密度积雪持水能力及融雪水量的影响［J］. 沈阳农业大学学报，2017，48（2）：250-255.

［37］陆恒，魏文寿，刘明哲，等. 融雪期天山西部森林积雪表面能量平衡特征［J］. 山地学报，2015，33（2）：173-182.

［38］Dumitrascu L, Beausoleil-Morrison I. A model for predicting the solar reflectivity of the ground that considers the effects of accumulating and melting snow［J］. Journal of Building Performance Simulation, 2020, 13（3）：334-346.

［39］Koivusalo H, Kokkonen T. Snow processes in a forest clearing and in a coniferous forest［J］. Journal of Hydrology, 2002, 262（1-4）：145-164.

［40］Link T, Marks D. Point simulation of seasonal snow cover dynamics beneath boreal forest canopies［J］. Journal of Geophysical Research, 1999, 104（D22）：27841-27857.

［41］Casiniere D L. Heat exchange over a melting snow surface［J］. Journal of Glaciology, 2017, 13（67）：55-72.

［42］Marks D, Dozier J. Climate and energy exchange at the snow surface in the alpine region of the Sierra Nevada. Part Ⅲ：Snow cover energy balance［J］. Water Resource Research, 1992, 28：3043-3054.

［43］Moore R, Owens I. Controls on advective snowmelt in a maritime alpine basin［J］. Journal of Climate Application Meteorology, 1984, 23（1）：135-142.

［44］高培，魏文寿，刘明哲. 新疆西天山积雪稳定期不同下垫面雪物理特性对比［J］. 兰州大学学报（自然科学版），2012，48（1）：15-19.

［45］张伟，沈永平，贺建桥，等. 阿尔泰山融雪期不同下垫面积雪特性观测与分析研究［J］. 冰川冻土，2014，36（3）：491-499.

［46］段斌斌，李诚志，刘志辉. 天山北坡融雪期下垫面土壤湿度变化研究［J］. 江西农业大学学报，2018，40（4）：884-894.

［47］张云云，张毓涛，师庆东，等. 天山北坡积雪期不同下垫面雪密度及液态含水率对比分析［J］. 干旱区资源与环境，2019，33（6）：134-140.

［48］Surfleet C G, Skaugset A E. The effect of timber harvest on summer low Hinkle Creek, Oregon［J］. Western Journal of Applied Forestry, 2013, 28（1）：13-21.

［49］Otterman J, Staenz K, Itten K I, et al. Dependence of snow melting and surface-atmosphere interactions on the forest structure［J］. Boundary-Layer Meteorology, 1988, 45（1-2）：1-8.

［50］Danny M, John K, Dave T, et al. The sensitivity of snowmelt processes to climate conditions and forest cover during rain-on-snow：A case study of the 1996 Pacific Northwest flood［J］. Hydrol Process, 1998, 12（10-11）：1569-1587.

［51］范昊明，武敏，周丽丽，等. 融雪侵蚀研究进展［J］. 水科学进展，2013，24（1）：146-152.

［52］陆恒，魏文寿，刘明哲，等. 中国天山西部季节性森林积雪雪层温度时空分布特征［J］. 地理科学，

2011, 31(12)：1541-1548.

[53]丁永健. 寒区水文导论[M]. 北京：科学出版社, 2017.

[54]张淑兰, 肖洋, 张海军, 等. 丰林自然保护区3种典型森林类型对降雪、积融雪过程的影响[J]. 水土保持学报, 2015, 29(4)：37-41.

[55]陆恒, 魏文寿, 刘明哲, 等. 中国天山西部季节性森林积雪物理特性[J]. 地理科学进展, 2011, 30(11)：1403-1409.

[56]王计平, 蔚奴平, 丁易, 等. 森林植被对积雪分配及其消融影响研究综述[J]. 自然资源学报, 2013, 28(10)：1808-1816.

[57]Metcalfe R, Buttle J. A statistical model of spatially distributed snowmelt rates in a boreal forest basin [J]. Hydrological Processes, 2010, 12(10-11)：1701-1722.

[58]Bewley D, Essery R, Pomeroy J, et al. Measurements and modelling of snowmelt and turbulent heat fluxes over shrub tundra[J]. Hydrology and Earth System Sciences Discussions, 2010, 14(7)：1331-1340.

[59]Coughlan J C, Running S W. Regional ecosystem simulation：A general model for simulating snow accumulation and melt in mountainous terrain[J]. Landscape Ecology, 1997, 12(3)：119-136.

[60]Schneiderman E M, Matonse A H, Zion M S, et al. Comparison of approaches for snowpack estimation in New York City watersheds[J]. Hydrological Processes, 2014, 27(21)：3050-3060.

[61]Michal J, Ondrej H, Ondrej M. Snow accumulation and ablation in different canopy structures at a plot scale：using degree-day approach and measured shortwave radiation[J]. Acta Universitatis Carolinae Geographica, 2017, 52(1)：61-72.

[62]Blok D, Heijmans M, Schaepmanstrub G, et al. Shrub expansion may reduce summer permafrost thaw in Siberian tundra[J]. Global Change Biology, 2010, 16(4)：1296-1305.

[63]Pan Y, Birdsey R A, Phillips O L, et al. The structure, distribution, and biomass of the world's forests [J]. Annual Review of Ecology Evolution and Systematics, 2013, 44(1)：593-622.

[64]陆恒, 魏文寿, 刘明哲, 等. 天山季节性积雪稳定期雪密度与积累速率的观测分析[J]. 冰川冻土, 2011, 33(2)：374-380.

[65]Boon S. Snow ablation energy balance in a dead forest stand[J]. Hydrological Processes, 2010, 23(18)：2600-2610.

[66]Andertona S P, White S M, Alvera B. Micro-scale spatial variability and the timing of snow melt runoff in a high mountain catchment[J]. Journal of Hydrology, 2002, 268(1)：158-176.

[67]车宗玺, 金铭, 张学龙, 等. 祁连山不同植被类型对积雪消融的影响[J]. 冰川冻土, 2008, 30(3)：392-397.

[68]刘海亮, 蔡体久, 满秀玲, 等. 小兴安岭主要森林类型对降雪、积雪和融雪过程的影响[J]. 北京林业大学学报, 2012, 34(2)：20-25.

[69]俞正祥, 蔡体久, 朱宾宾. 大兴安岭北部主要森林类型林内积雪特征[J]. 北京林业大学学报, 2015, 37(12)：100-107.

[70]肖洋, 郑树峰, 张大鹏, 等. 哈尔滨市典型森林对雪水量的影响研究[J]. 中国农学通报, 2016, 32

（25）：132-137.

[71]王晓辉，国庆喜，蔡体久. 地形与林型影响春季融雪过程的定量化研究[J]. 北京林业大学学报，2016，38（2）：83-89.

[72]周宏飞，王大庆，马健，等. 新疆天池自然保护区春季融雪产流特征分析[J]. 水土保持学报，2009，23（4）：68-71.

[73]Travis R R, Anne W N. Forest impacts on snow accumulation and ablation across an elevation gradient in a temperate montane environment[J]. Hydrology and Earth System Sciences, 2017, 21（11）: 5427-5442.

[74]D'Eon R G. Snow depth as a function of canopy cover and other site attributes in a forested ungulate winter range in southeast British Columbia[J]. BC Journal of Ecosystems and Management, 2004, 3（2）: 1-9.

[75]Jost G, Weiler M, Gluns D R, et al. The influence of forest and topography on snow accumulation and melt at the watershed-scale[J]. Journal of Hydrology, 2007, 347（1）: 101-115.

[76]杨俊华，秦翔，吴锦奎，等. 祁连山老虎沟流域春季积雪属性的分布及变化特征[J]. 冰川冻土，2012，34（5）：1091-1098.

[77]李海生，李广，刘贤德，等. 祁连山不同海拔梯度下青海云杉林积雪消融过程研究[J]. 西北林学院学报，2017，32（4）：1-6.

[78]曹志，范昊明. 我国东北低山区不同坡位积雪特性研究[J]. 冰川冻土，2017，39（5）：989-996.

[79]王元，刘志辉，陈冲. 天山北坡融雪期雪层含水率、密度和雪层温度研究[J]. 干旱区研究，2014，31（5）：803-811.

[80]窦燕，陈曦，包安明，等. 2000—2006年中国天山山区积雪时空分布特征研究[J]. 冰川冻土，2010，32（1）：28-34.

[81]张飞云，郭玲鹏，郝建盛，等. 新疆天山西部巩乃斯河谷积雪与森林/草地覆盖条件下季节冻土特征分析[J]. 冰川冻土，2019，41（2）：316-323.

[82]张音，海米旦·贺力力，古力米热·哈那提，等. 天山北坡积雪消融对不同冻融阶段土壤温湿度的影响[J]. 生态学报，2020，40（5）：1-8.

[83]赵永成，虎胆·吐马尔白，马合木江，等. 冻融及雪水入渗作用下土壤水盐运移特征研究[J]. 新疆农业大学学报，2013，36（5）：412-416.

[84]王敬哲，刘志辉，塔西甫拉提·特依拜，等. 天山北坡融雪期季节性冻土融化过程分析[J]. 干旱区研究，2017，34（2）：282-292.

[85]张小磊，周志民，刘继亮. 季节性积雪消融对浅层土壤热状况的影响[J]. 农业工程学报，2010，26（8）：91-95.

[86]付强，蒋睿奇，王子龙，等. 不同积雪覆盖条件下冻融土壤水分运动规律研究[J]. 农业机械学报，2015，46（10）：152-159.

[87]Sharratt B S, Benoit G R, Voorhees W B. Winter soil microclimate altered by corn residue management in the northern Corn Belt of the USA[J]. Soil and Tillage Research, 1998, 49（3）: 243-248.

[88]Iwata Y, Hayashi M, Suzuki S, et al. Effects of snow cover on soil freezing, water movement, and snowmelt infiltration: a paired plot experiment[J]. Water Resour Research, 2010, 46(9): 2095-2170.

[89]IPCC 第五次评估报告 WGⅢ 专栏[J].气候变化研究进展,2014,10(5):313.

[90]任国玉.气候变化与中国水资源[M].北京:气象出版社,2007.

[91]Parmensan Camille, Yohe Gary. A globally coherent fingerprint of climate change impacts across natural systems[J]. Niature,2003,421(6918):37-42.

[92]赵杰,徐长春,高沈瞳,等.基于 SWAT 模型的乌鲁木齐河流域径流模拟[J].干旱区地理,2015, 38 (4):666-674.

[93]何兵,高凡,唐小雨,等.基于滑动 Copula 函数的新疆干旱内陆河流水文气象要素变异关系诊断 [J].水土保持研究,2019,26(1):155-161.

[94]尼格娜热·阿曼太,丁建丽,葛翔宇,等.1960—2017 年艾比湖流域实际蒸散量与气象要素的变化 特征[J].地理学报,2021,76(5):1177-1192.

[95]覃姗,岳春芳,何兵,等.金沟河流域水文气象要素关系变异诊断[J].水资源与水工程学报,2019, 30(2):50-56.

[96]吕娇娇.乌鲁木齐河流域模拟及其对气候变化的响应研究[D].乌鲁木齐:新疆农业大学,2016.

[97]金爽.中国天山乌鲁木齐河流域气候变化和径流特征研究[D].兰州:西北师范大学,2010.

[98]顾朝军,穆新民,高鹏,等.1961—2014 年黄土高原地区降水和气温时间变化特征研究[J].干旱区 资源与环境,2017,31(3):136-143.

[99]贾宪,沈冰.近 61 年西安市主要气象因素变化趋势研究[J].水资源与水工程学报,2014,25(1):48- 51.

[100]张晓晓,张钰,徐浩杰,等.1961—2010 年白龙江上游水文气象要素变化规律分析[J].干旱区资源 与环境,2017,29(2):172-178.

[101]杨义,舒和平,马金珠,等.基于 Mann-Kendall 法和小波分析中小尺度多年气候变化特征研究—— 以甘肃省白银市近 50 年气候变化为例[J].干旱区资源与环境,2017,31(5):126-131.

[102]夏库热·塔依尔,海米提·依米提,麦麦提吐尔逊·艾则孜,等.基于小波分析的开都河径流变化 周期研究[J].水土保持研究,2014,21(1):142-146.

[103]张华,张勃,赵传燕.黑河上游多年基流变化及其原因分析[J].地理研究,2011,30(8):1421-1430.

[104]梁红,孙凤华,隋东.1961—2009 年辽河流域水文气象要素变化特征[J].气象与环境学报,2012, 28(1):59-64.

[105]张应华,宋献.水文气象序列趋势分析与变异诊断的方法及其对比[J].干旱区地理,2015,38(4): 652-665.

[106]于延胜,陈兴伟.基于 Mann-Kendall 法的水文序列趋势成分比重研究[J].自然资源学报,2011,26 (9):1585-1591.

[107]何咏琪.基于遥感及 GIS 技术的寒区积雪水文模拟研究[D].兰州:兰州大学,2014.

[108]Kidder S Q, Wu H T. Dramatic contrast between low clouds and snow cover if daytime 3. 7 μm imagery [J]. Monthly Weather Review,2009,112(11):2345-2346.

[109]郭爱军,畅建霞,王义民,等. 近50年泾河流域降雨-径流关系变化及驱动因素定量分析[J]. 农业工程学报, 2015, 31(14):165-171.

[110]李小兰,姜逢清,王少平,等. 2011—2013年乌鲁木齐城-郊冬季积雪深度与密度空间分布特征[J]. 冰川冻土, 2015, 37(5):1168-1177.

[111]段斌斌. 融雪期冻土水热状况及积雪特性研究[D]. 乌鲁木齐:新疆大学, 2018.

[112]魏文寿,秦大河,刘明哲. 中国西北地区季节性积雪的性质与结构[J]. 干旱区地理, 2001, 24(4):310-313.

[113]李奕,蔡体久,盛后财,等. 大兴安岭地区天然樟子松林降雪截留及积雪特征[J]. 水土保持学报, 2014, 28(5):124-128.

[114]唐小雨,高凡,闫正龙,等. 有无遮蔽条件下季节性积雪分层物理特性对比分析[J]. 灌溉排水学报, 2019, 38(11):74-84.

[115]Varhola A, Coops N C, Weiler M, et al. Forest canopy effects on snow accumulation and ablation: an integrative review of empirical results[J]. Journal of Hydrology, 2010, 392(3):219-233.

[116]高培,魏文寿,刘明哲,等. 天山西部季节性积雪密度及含水率的特性分析[J]. 冰川冻土, 2010, 32(4):786-793.

[117]王彦龙. 中国雪崩研究[M]. 北京:海洋出版社, 1992.

[118]马世伟. 东北低山丘陵区季节性积雪特性研究[D]. 沈阳:沈阳农业大学, 2017.

[119]张志忠,刘正兴. 天山巩乃斯河谷季节积雪变质作用因素分析[J]. 冰川冻土, 1987, 9(S1):27-33.

[120]温家洪,康建成,汪大立,等. 东南极伊利莎白公主地LGB65点的雪层密度与剖面特征[J]. 冰川冻土, 2001, 23(2):156-163.

[121]王飞腾,李忠勤,尤晓妮,等. 乌鲁木齐河源1号冰川积累区表面雪层演化成冰过程的观测研究[J]. 冰川冻土, 2006, 28(1):45-53.

[122]周石硚,中尾正义,桥本重将,等. 湿雪的密实化与颗粒粗化过程研究[J]. 冰川冻土, 2002, 24(3):275-281.

[123]张波,刘志辉,张微,等. 融雪期积雪参数对实测光谱反射率的影响[J]. 干旱区研究, 2015, 32(4):735-741.

[124]杨绍富,刘志辉,闫彦,等. 融雪期土壤湿度与土壤温度、气温的关系[J]. 干旱区研究, 2008, 25(5):642-646.

[125]丑亚玲,李永娥,王莉杰,等. 渭河流域西部季节冻融对浅层非饱和土壤水热变化的影响[J]. 冰川冻土, 2019, 41(4):926-936.

[126]付强,侯仁杰,王子龙,等. 冻融期积雪覆盖下土壤水热交互效应[J]. 农业工程学报, 2015, 31(15):101-107.

[127]杨与广,刘志辉,乔鹏. 天山北坡融雪期土壤湿度特征及其影响因子[J]. 干旱区研究, 2012, 29(1):173-178.

[128]牛春霞,杨金明,张波,等. 天山北坡季节性积雪消融对浅层土壤水热变化影响研究[J]. 干旱区

资源与环境，2016，30（11）：131-136.

[129]边晴云，吕世华，陈世强，等. 黄河源区降雪对不同冻融阶段土壤温湿变化的影响[J]. 高原气象，2016，35（3）：621-632.

[130]胡铭，刘志辉，陈凯，等. 雪盖影响下季节性冻土消融期的土壤温度特征分析[J]. 水土保持研究，2013，20（3）：39-43.

[131]Liu H Q, Sun Z B, Wang J, et al. A modeling study of the effects of anomalous snow cover over the Tibetan Plateau upon the South Asian summer monsoon[J]. Advances in Atmospheric Sciences，2004，21（6）：964-975.

[132]孜来布·阿不来提. 基于 GIS 与 RS 的融雪径流模型在乌鲁木齐河的应用[D]. 乌鲁木齐：新疆农业大学，2012.

[133]魏文寿，秦大河，刘明哲. 中国西北地区季节性积雪的性质与结构[J]. 干旱区地理，2001，24（4）：310-313.

[134]窦燕，陈曦，包安明，等. 2000—2006 年中国天山山区积雪时空分布特征研究[J]. 冰川冻土，2010，32（1）：28-34.

[135]高坛光，张廷军，康世昌，等. 冰川径流温度及其响应机制研究进展[J]. 水科学进展，2015，26（6）：885-892.

[136]韩春光. 新疆石河子 58 年积雪变化特征[J]. 中国农学通报，2013，29（32）：350-354.

[137]蓝永超，沈永平，吴素芬，等. 近 50 年来新疆天山南北坡典型流域冰川与冰川水资源的变化[J]. 干旱区资源与环境，2007，21（11）：1-8.

[138]杨森. 乌鲁木齐河源区冰川径流模拟试验研究[D]. 成都：成都理工大学，2012.

[139]赵杰，徐长春，高沈瞳，等. 基于 SWAT 模型的乌鲁木齐河流域径流模拟[J]. 干旱区地理，2015，38（4）：666-674.

[140]Terink W, Lutz A F, Immerzee W W. SPHY v2.0：Sptial Processes in Hydrology Model theory, installation, and data preparation[J]. 2015a，31（11）.

[141]Terink W, Lutz A F, Simons G W H, et al. SPHY v2.0：spatial processes in hydrology[J]. Geoscientific Model Development Discussions，2015b，8（7）：2009-2034.

[142]Lutz A F, Immerzeel W W, Shrestha A B, et al. Consistent increase in High Asia's runoff due to increasing glacier melt and precipitation[J]. Nature Climate Change，2014，4（7）：587-592.

[143]Karssenberg D, Burrough P A, Sluiter R et al. The PCRaster software and course materials for teaching numerical modelling in the environmental sciences[J]. Transactions in GIS，2001，5（2）：99-110.

[144]Karssenberg D. The value of environmental modelling languages for building distributed hydrological models[J]. Hydrological Processes，2002，16（14）：2751-2766.

[145]周望. 驱动数据遥感估算及其在冰川流域径流模拟中的应用[D]. 北京：中国科学院遥感与数字地球研究所，2019.

[146]江科. 雅鲁藏布江流域径流组成及其对气候变化的响应[D]. 哈尔滨：哈尔滨工业大学，2020.

[147]王妍. 塔里木河三源流径流及其组分变化研究[D]. 西安：西安理工大学，2021.

[148]李洪源，赵求东，吴锦奎，等. 疏勒河上游径流组分及其变化特征定量模拟[J]. 冰川冻土，2019，41（4）：907-917.